YULEI DIANDONGLI JISHU

# 鱼雷电动力技术

党建军 李代金 黄 闯 编著

西北工业大学出版社

**【内容简介】** 全书共 6 章,其中第 0 章绪论主要介绍了电动力推进系统的发展、系统性能指标论证及设计特点等;第 1 章动力电池分别介绍了传统电池、新型电池及潜力电池的工作原理、基本结构及其性能特点等;第 2,3,4 章分别介绍了鱼雷用直流串激电动机、永磁直流电动机、永磁同步电动机的工作原理和设计要点;第 5 章简要介绍了直流电机的变流器和 PWM 控制技术。

本书可作为鱼雷动力专业本科生和研究生的教材,也可供从事相关专业的技术人员参考。

**图书在版编目 (CIP) 数据**

鱼雷电动力技术/党建军,李代金,黄闯编著. —西安:西北工业大学出版社,2015.8
ISBN 978 - 7 - 5612 - 4589 - 7

Ⅰ.①鱼… Ⅱ.①党…②李…③黄… Ⅲ.①鱼雷—电动力学 Ⅳ.①TJ63

中国版本图书馆 CIP 数据核字（2015）第 211893 号

出版发行:西北工业大学出版社
通信地址:西安市友谊西路 127 号  邮编:710072
电　　话:(029)88493844　88491757
网　　址:http://www.nwpup.com
印 刷 者:陕西丰源印务有限公司
开　　本:787 mm×1 092 mm　1/16
印　　张:5.875
字　　数:136 千字
版　　次:2015 年 8 月第 1 版　2015 年 8 月第 1 次印刷
定　　价:20.00 元

# 前　言

随着我国海军的战略转型,水下作战的任务、环境和对象都发生了重大变化,迫切需要加快实现武器装备的跨代发展,同时也对于鱼雷动力的支撑能力提出了更高的要求。未来水中兵器需要达到如下作战能力:重型鱼雷航程 100km,远程巡航鱼雷航程 1 000km,战役型武器UUV 航程 2 000km;鱼雷最大航深 900~1 000m;提高攻击的隐蔽性,保证发射平台的安全。达成上述作战能力电动力系统具有优势,因此近年来鱼雷电动力技术得到了快速发展。

西北工业大学航海学院是国内普通高校中唯一定点设置水中兵器及水下动力学科专业的院校。《鱼雷电动力技术》是西北工业大学规划教材,总结和整理了多年来国内外鱼雷电动力领域相关研究成果,汲取了笔者多年教学和科研实践的成果。

本书力求具有先进性、系统性及实用性,希望在传授知识的同时兼具学生创新意识和创新能力的培养,使学生在掌握基本理论与方法的同时兼具动力技术工程能力。

全书共 6 章,其中第 1 章绪论主要介绍了电动力推进系统的发展、系统性能指标论证及设计特点等;第 1 章动力电池分别介绍了传统电池、新型电池及潜力电池的工作原理、基本结构及其性能特点等;第 2,3,4 章分别介绍了鱼雷用直流串激电动机、永磁直流电动机、永磁同步电动机的工作原理和设计要点;第 5 章简要介绍了直流电机的变流器和 PWM 控制技术。本书编写分工:第 0 章由党建军教授编写,第 2,3,4 章由李代金副教授编写,第 1,5 章由黄闯博士编写。

本书在立项及编写过程中,得到了西北工业大学教务处和出版社的大力支持,得到了航海学院领导的鼓励和帮助,罗凯教授对本书进行了全面审阅,提出了许多宝贵意见,借此一并表示诚挚的谢意!

由于教材内容广泛,加之水平有限,书中肯定存在不足之处,恳请读者予以批评指正。

编　者

2015 年 7 月

# 目　录

# 第0章 绪 论

第二次世界大战后,鉴于鱼雷在反潜战、歼灭敌舰艇、破坏敌海上交通线及袭击敌水下设施等方面所起的重大作用,特别是在现代海战中,潜艇成为制海权的最大威胁,各国都在发展适应于不同任务的新型鱼雷。为了满足对于新型鱼雷不断提高的性能要求,各国都在探求鱼雷的各种新型动力装置,但其总的发展方向还是沿着热动力和电动力两种途径,其中电动力推进是使用电池组和电动机来实现的。

## 0.1 鱼雷电动力推进系统的发展

鱼雷电动力推进系统由电池组、推进电动机、电路控制装置,连接电缆、推进轴、推进器等部件组成。电池组将化学能转变为电能,电路控制装置按一定的要求接通电路,将电池组电能提供给推进电动机,电动机将电能转变为机械能,再通过传动装置带动对转螺旋桨或泵喷射推进器产生推力,使得鱼雷在水中航行。

电动力推进系统与热动力推进系统相比较有许多战术优点:

(1)电动力推进系统在航行时不排出废气,因而鱼雷无航迹、隐蔽性好;

(2)电动力推进系统的输出功率不受海水背压的影响,保证了鱼雷在任何深度上航速、航程恒定,便于大深度发射以及攻击隐藏于大深度上的潜艇;

(3)电动力推进系统自噪声较小,有利于声制导装置的工作;

(4)电动力推进系统在航行中没有燃料的消耗,在航行过程中的鱼雷总质量不变,使得鱼雷在航行中稳定性较好;

(5)动力电池电源还可以对鱼雷其他用电系统供电。

电动力推进系统的这些战术优点,使得其一度发展较快,成为攻击柴电潜艇的有效武器。但是电动力鱼雷的某些战术技术(简称战技)指标,尤其是其单位质量与体积发出的功率低、动力电池容量有限,使得鱼雷的速度、航程受到限制,难以对高速目标发动有效的攻击。例如,某型鱼雷电动机单位功率质量比为 $1.35\ kg/kW$,而早于该型号开发的某型热动力鱼雷发动机的单位功率质量比则为 $0.64\ kg/kW$,为了提高航速,电动机的质量将相当可观,而更重要的是动力电池组的质量、体积会更大。

鱼雷的性能主要取决于它的航速、航程、装药量、航深及水下搜索弹道的方式,还取决于自导、引信、控制装置的性能、导引精度等诸多因素。在这些因素中,航速、航程是直接影响鱼雷命中概率的主要因素,对于电动力推进系统,要求能够尽量提高鱼雷的航速、航程等战技指标。

由于电动力系统较之热动力系统有许多优点,因此早在第一次世界大战时期就已经开始研究。但因为当时难以找到高比能的动力电池,航行性能远比不上热动力鱼雷,所以许多国家于1930年就放弃了该研究工作。由于德国坚持了研制工作,并且首先在第二次世界大战期间研制成功 $G_{7e}$ 型鱼雷,因此这是世界上第一条电动力鱼雷。随后苏联和美国于1942年,也先后仿制成功了电动力鱼雷。到第二次世界大战末期,电动力鱼雷的使用量已超过了热动力鱼雷,至 20 世纪 50 年代,电动力推进系统成了反潜鱼雷的唯一动力装置。

随着科学技术的发展,潜艇的潜航深度由第二次世界大战时的 100 m 增加到战后的 200 m,在 20 世纪 60 年代潜航深度增加到 300 m,其后更向大深度发展。潜艇对鱼雷武器携带者的抗御能力不断增强,迫使鱼雷必须加大航程,提高潜航深度。对于普遍使用的开式循环鱼雷热动力系统而言,其经济性指标受下潜深度的影响较大。例如,早期的 53 - 66 型热动力活塞发动机鱼雷,当低速(40 kn[①])航程 8 000 m 工况时,航行深度增加 50 m,输出功率下降约 24%,航速减少约 3 kn。为了补偿排气背压的影响,必须随航深增加而相应地提高进气压强。电动力鱼雷不受潜航深度影响的优点,成了当时发展电动力鱼雷的主要原因,于是促进了电动力系统的进一步发展,特别是在银锌电池和镁氯化银海水电池的成功应用之后,电动力鱼雷性能有了很大提高。例如,使用镁氯化银海水电池的美制 MK - 44 型鱼雷,成为当时攻击柴电潜艇的有效武器。

在推进电动机方面,各国在提高推进电动机的性能指标上所采取的措施并不完全一样。美国的发展方向是提高推进电动机的转速,增大电压,减少电流。例如,美国第二型电动力鱼雷MK - 19,其推进电动机的转速高达 18 000 r/min,然后再用减速齿轮变成螺旋桨所需要的转速。又如 MK - 44 - 0 型鱼雷,其推进电动机的转速在启动 20 s 左右后为 7 100 r/min,末速为 7 000 r/min。在美国的推进电动机发展中,通常用使用减速机械提高推进电动机的转速的方法减轻系统质量。

法国也是以提高电动机转速来减轻质量的。例如,E14,E15,L3 等鱼雷均采用转速为 8 500 r/min 的单转高速电动机,再用行星差动齿轮减速。

苏联却偏好于使用双转低速推进电动机,其研制的多个大型和小型鱼雷,均采用双转推进电动机,直接与螺旋桨耦合,电动机相对转速不高,都不超过 4 000 r/min。

英国也多采用双转推进电动机,如先进的"鲟鱼(StingRay)"鱼雷,其推进电动机的内、外转速均为 2 600 r/min。

在我国,从 20 世纪 60 年代初开始了鱼雷推进电动机的研制工作,首先仿制了苏制产品,从 60 年代中期,推进电动机开始走向自行研发的道路。

从以上典型鱼雷生产国的情况看,已经成功应用的鱼雷推进电动机是单转和双转两种类型的电动机。随着高效永磁电动机技术的不断成熟,高速、单转、高效率、小体积的永磁电动机必将取代电励磁电动机而成为将来发展的方向。

按照激磁绕组和电枢绕组的连接方式,传统的电励磁直流电动机可分为他激、并激、串激和复激四大类。根据战术技术要求,鱼雷要求电动机有最小的启动和达到额定转速的时间。如果直流电动机在额定电压下直接启动,其启动电流会很大。对于串激电动机而言,由于激磁电流就是电枢电流,所以在启动瞬间,串激绕组产生的主磁通很大,而并激电动机激磁绕组产生的主磁通几乎不变,因此在同样的启动电流下,串激电动机能够比并激电动机产生大得多的启动转矩。由于串激电动机这个突出的优点,用在无变阻器启动的鱼雷上,启动力矩会大大超过额定值,可以使得鱼雷缩短达到稳定航速的时间,因此,对于电励磁直流电动机而言,串激或复激是比较适合电动力鱼雷使用的形式。

---

① 1 kn＝1 n mile/h＝(1 852/3 600) m/s。

对于我国的潜艇鱼雷发射器来说,鱼雷离开发射管的时间为 0.5~0.8 s。鱼雷用串激电动机的启动过程在鱼雷离开发射管前就已经结束,因而启动过程对鱼雷的航行性能没有影响。

由于复激电动机兼具串、并激电动机的特点,因此有的鱼雷推进电动机也采用复激形式。

在永磁电动机方面,尽管其启动转矩相对较小,但是其他的主要性能均优越于电励磁电动机,其中永磁直流电动机的驱动电路相对简单,占用空间较小;而同步电动机则实现了无刷化。它们可以达到更高的效率和更小的体积,对于单转电动机而言,可以达到更高的转速。

## 0.2 鱼雷电动力推进系统的性能指标论证

现役的某小型鱼雷的质量和体积允许配装的动力电池的能量可以使得鱼雷以大于 30 kn 的速度航行 6~7 min。现在优良的柴电潜艇最高速度可达 20 kn 以上,新型核动力潜艇速度可达 35 kn 左右。该鱼雷和柴电潜艇的最大速度差约为 10 kn,假设鱼雷在 1 828 m 处发现目标,自导装置开始跟踪,根据鱼雷与目标的速度差不难算出,鱼雷要用 356 s 的时间才能追上目标,设鱼雷全航程为 400 s,自导装置搜索阶段就只剩下 44 s,对于运动规避的目标来讲,这个时间就太短了。如果自导装置在更远的距离上发现目标,或敌潜艇的速度更快一些,搜索时间就几乎为零。另外,在电池放电过程中,由于电压将随着工作时间的持续而降低,所以搜索目标阶段鱼雷的速度大,而攻击目标时速度却小,因此电动力小型鱼雷打击相当远或速度相当快的目标是很困难的。

为了适应现代海战的需要,各国又大力研究能适应大深度航行的热动力鱼雷,美国首先于 1968 年装备了性能优良的 MK - 46 型热动力鱼雷,在 450 m 以内的深度范围内航速为 43~45 kn,航程为 9 500 m,将反潜小型鱼雷的性能提高到了一个新水平。然而各国对电动力鱼雷也在大力研究,例如英国的"鲟鱼"电动力小型鱼雷的航速达到了与 MK - 46 相当的水平,大大提高了打击敌潜艇的命中概率。

目前配装有海水电池的大型鱼雷,它的空间和质量允许携带的电池的能量可以使得鱼雷达到 40 kn 以上的航速,当攻击最高速度为 20 kn 的目标时,目标和鱼雷之间的速度差为 20 kn,如果自导装置发现目标的距离为 2 742 m,只要267 s时间就能追上目标,如果鱼雷全航程为 840 s,这样就剩下 573 s 的时间用于追踪和搜索,这段时间可使鱼雷航行近 12 000 m 的距离,这些指标解决了许多战术问题。

但是大型鱼雷只能从舰艇上或潜艇上发射,而不适于空投。随着各国海军不断完善和发展反潜武器系统,潜艇接近被攻击的目标舰艇就成了艰巨的任务。为了保证发射艇的安全,迫使舰艇在远距离发射鱼雷,这就要求鱼雷拥有更高的航速和航程。当发射距离为 6 n mile①时,在不同的敌舷角及自导作用距离变化不大的情况下,为打击速度为 24 kn 的水面舰艇,通过计算知,当鱼雷的速度为 50 kn 时,发现概率为 0.78~0.88。鱼雷的发现概率是随着鱼雷速度的增加而增加的,从现代战术观点考虑,鱼雷的航速应不低于 50 kn,如果以航母为打击目标,则航程应大于 50 km。

对既定的鱼雷、既定的动力装置及航行环境,提高速度会缩短鱼雷接近目标的时间,从而提高了鱼雷命中概率,但问题的另一方面是,当速度提高不多时,航程下降却极为明显。例如,

---

① 1 n mile=1 852 m.

航速为 33 kn 时,航程为 11 000 m,而若航速为 40 kn 时,则航程仅为 7 500 m,这样短的航程不能保证在敌防护严密而必须远距离发射情况下必需的航程。因此,为保证足够的航程,速度也不可取得过高,特别是对于声自导鱼雷来说,速度的选取还要充分考虑鱼雷本身的噪声,不管是主动、被动还是主、被动联合,其自导作用距离都程度不同地受到鱼雷自身噪声的影响。例如,对于某被动声自导鱼雷,其自导作用距离在目标噪声级、水文传播条件及自导接收机的处理增益一定的情况下,由被动声呐方程可以看出,如果鱼雷的自噪声增加,则作用距离就减少。对同一条鱼雷(结构、电动力系统、螺旋桨均已确定),如果航速增加则自噪声增加。对于某型电动力鱼雷,其自导换能器通频带为 1.8 kHz 时,自噪声声压可按下式计算:

$$p_C = \frac{2.63 \times 10^{-4} v^{4/8}}{y^{1.75} f} \tag{0-1}$$

式中,$p_C$ 为自噪声声压;$v$ 为鱼雷航速;$f$ 为频率;$y$ 为鱼雷航行深度。

由式(0-1)可以看出,随着鱼雷速度的提高,自导装置受到鱼雷本身的干扰噪声将增加。例如,某型电动力鱼雷的噪声临界速度约为 38 kn,故在没有噪声有效抑制措施的情况下,速度不能选得太高,否则高速不但明显地降低了航程,而且由于自导作用距离的降低,命中概率也受到影响。对于自导鱼雷,最好采用变速制,即低速搜索,发现概率高;高速追踪,自导发现至鱼雷命中目标的时间短,目标机动的可能性小,于是可显著提高命中概率。但变速制给动力系统的设计带来了一定的复杂性。

对于某型电动力鱼雷,由于自身噪声对自导作用距离的影响,因此在目标声源强度为 82 dB、鱼雷航深不小于 30 m、水文条件中等、弱负梯度层的情况下,当航速为 33 kn 时,自导作用距离为 700 m;而当航速为 19 kn 时,自导作用距离可高达 1 300 m 以上。可见鱼雷航速对自导作用距离有相当的影响。当鱼雷航速为 40～45 kn 时,只有装配对自噪声有抑制的自导装置,其作用距离才可能达到较好的水平。因此,只有自导作用距离远、本身速度高,而机动性又好的鱼雷,才具有较高的命中概率。

对电动力鱼雷来说,要达到上述指标,关键问题是研制新型动力电源,研制能够采用这种能源的电动机及研制先进的自导装置。尽管目前电动力鱼雷的航速、航程并不适应现代战术的要求,但电动力鱼雷确实有着超越热动力鱼雷的一些优点,并且目前世界各国仍拥有大量的非核动力潜艇及舰船,电动力鱼雷仍具有较强的攻击能力,故应不断加以改进和完善。

# 0.3 鱼雷电动力推进系统的设计特点

在鱼雷上的一切装置,都要求质量轻、体积小、工作可靠、性能良好、使用方便,这些要求使得电动力装置的设计具有自身的特点,而不同于一般的电力拖动系统,这些特点主要表现在以下几个方面。

## 0.3.1 短时工作制、短寿命

鱼雷的设计、制造或使用都不是作为一次发射使用的,目前各国服役的电动力鱼雷从出厂经部队训练后列为战雷,其试验、使用次数一般为 10～40 次。电动力系统的使用次数主要取决于电池的寿命,目前的蓄电池一般可以满足以上要求,而一次电池当然只能使用一次。每次使用的时间则取决于电池的性能、鱼雷的类型、使用的目的等方面。一般电动力装置的累计工作时间不超过 10 h。

因为鱼雷电动力装置属短时工作制、短寿命，所以装置容许有较高的电、热及机械负荷，使得鱼雷电动装置的相对质量比地面装置上的轻得多。例如，某现役鱼雷上推进电动机的相对质量比为 1.3~1.7 kg/kW，"鲔鱼"电动机的相对质量比为 0.25 kg/kW，而普通 Z2 系列直流电动机的相对质量比约为 13 kg/kW。

根据现役鱼雷的情况，电动力推进系统的质量和体积（包括电池架、电池、推进电动机、螺旋桨、轴承、控制部件及电缆等）占全雷质量和体积的 40%~50%，因此提高质量比功率是鱼雷电动力推进系统研究的首要任务。

### 0.3.2 大的瞬时电流、动力负载

现役鱼雷以使用直流串激电动机为最多，并以电压平稳的电池组为能源，电池组直接连接到电动机上，但对二次电池组来说要通过接触器来接通，此类型的电动机在启动时的冲击电流可达到稳态工作电流的 4~6 倍。

为了尽量减少电动力推进系统的质量和体积，不希望在系统中附加电动机的启动电路，而是直接从冷态下启动，因此有必要提供电动机的启动安全极限。根据经验，当功率在 180 kW 以下、稳态工作电流在 1 000 A 以下时，从冷态直接启动，电动机能够承受 4~6 倍的稳态工作电流，在此瞬时电负载下电动力装置是安全的。当选择推进电动机额定电流时，必须考虑到启动电流的大小，对全额直接启动的推进电动机额定电流一般确定在 1 300 A 以下。当应用一次电池组作为能源时，最好一次电池组开始工作的时间和电动机的加速时间相一致，通常的做法是用电解液灌注系统来控制一次电池的激活时间。在国外，启动鱼雷推进电动机大约是在 15 s 的瞬态时间内用 2 倍左右的额定电流，这种情况下可选择额定电流大一些。我国某型鱼雷一次电池组激活时间为 7~8 s，这样有利于控制推进电动机的启动电流。

电动力装置在发射时还要经受其他动力负载，例如潜、舰发射的鱼雷，它在发射管内以 8g~10g 的加速度运动。用飞机或其他运载工具发射小型鱼雷时，一般规定入水冲击加速度为 60g~80g。电动力鱼雷动力装置在经受发射的动力负载时，必须保证启动时还能够经受住所要求的电负载。

鱼雷推进电动机的启动电流虽然很大，但是推进器的转矩特性属于泵类负载特性，因此电动机出现峰值的时间一般为 20~30 ms，达到稳态电流时也不过 0.3~0.8 s，因为启动时间极短，故在启动电流很大的情况下，绕组发热也不高，不会受到热的任何损伤。至于启动时发生的机械冲击，尽管从理论上讲，启动转矩应随电流的二次方而上升，但实际上由于磁路饱和，主磁通不可能随电流无限上升，因而其最大启动转矩约为额定转矩的 6 倍，只要在结构强度上适当给予考虑，一般结构不会发生问题。但是，由于启动电流很大，可能在换向器与电刷附近发生强烈的电弧，这是应当注意的。

### 0.3.3 影响鱼雷航速偏差的因素

如前所述，航速是鱼雷的主要战术指标。从战术上来看，当鱼雷的航速恒定时，鱼雷的命中概率较高，但按鱼雷射击理论分析和计算表明，当鱼雷的速度偏差为 ±1 kn 时，对鱼雷的射击命中概率影响不大，对于传统开环控制方式的系统，尽管在设计上保证鱼雷航速偏差在 ±1 kn 以内是困难的，但是应该尽量满足此要求。影响鱼雷航速偏差的因素很多，一般可分

两大因素:一是鱼雷本身的因素,例如推进电动机的制造偏差、电池组电压的波动、螺旋桨的制造偏差、传动轴系的摩擦、鱼雷线型的变化、雷壳表面粗糙度等都属于鱼雷本身的因素;二是鱼雷使用环境的因素,当鱼雷在淡水靶场的试验以及在不同盐度海水中的使用时,水温的变化等则都属于鱼雷使用环境的因素。

由于鱼雷在不同时间、不同海域使用,因此其环境温度不同,电池组的电压将发生变化,Ag-1.5 电池组技术条件规定,电解液温度为 35℃ 时放电与 0～15℃ 时放电电压差约为6.5%。美国 MK66-0 型 Zn/AgO 二次蓄电池组电压变化范围为 232～253 V,所引起的航速变化约为 1.6 kn。Mg/AgCl 海水电池组的电压受海水温度和盐度的影响更大,所引起的航速偏差也更大。

由于电池的制造因素,同类型的电池组工作电压也是有差别的。另外,电池在放电过程中的电压也是变化的,因此鱼雷在航行过程中的不同时间其速度也不尽相同。

通过上述分析,为了减少鱼雷航速偏差,在设计鱼雷用电池时需考虑到电池电压的波动对航速的影响,应尽量选择放电电压平稳的电池作为鱼雷使用的动力电池。

鱼雷推进电动机为短时工作制,电动机在工作中并没有达到真正的稳定运行,这样电枢电流可能由于电动机内部的各种损耗而变化,也可能由于拖动负载因受外界条件变化而相应地发生变化,这样就造成了同一台电动机的输出功率发生变化,从而引起鱼雷航速的变化。对于某型鱼雷推进电动机,同一航次中航速变动量约为 0.47 kn。

尽管鱼雷推进电动机的电负荷比一般民用电动机高得多,造成电枢绕组温度在工作结束时高达 250℃ 左右,但对串激电动机来说,电枢回路电阻由于温度的升高而增加,而在电压不变的情况下,电枢电流降低造成主磁通也略低,因而温度对转速的影响可以忽略不计。影响鱼雷航速偏差的主要因素是电池组的输出电压变化。

### 0.3.4　辅助用电

控制、制导、引信等其他电子设备所使用的电源通称为辅助用电。现役电动鱼雷的辅助用电大多数是由动力电池组的分压供给的,少数的由单独的一组电池供电,也有的从推进电动机电枢绕组中直接引出单相交流电供自导装置等用电。这样在需要交流电源的电子设备中就省略了专用变流装置,但推进电动机的设计就增加了产生单向交流电的电枢绕组及滑环等零部件。

由动力电池组分压供给换流器和电子系统以满足鱼雷电子系统对交流电和直流电的需要是较好的方案。在此供电方案中,电池组的负荷电流为电动机及电子系统负荷电流之和,但必须注意供电系统工作中的相互干扰问题。由于所有辅助用电都由动力电池组按一定要求统一供电,为简化供电系统必须对电压品种进行统一管理,并注意系统间的互相干扰及影响,否则将造成单一工作系统正常,可以达到技术指标要求,而当全雷各系统同时工作时则不正常的现象。

### 0.3.5　安全措施

在目前应用的鱼雷电池中,在鱼雷储藏和工作中均能析出氢气和氧气,这样就存在着起火和爆炸的危险,为了根除这种危险,必须在设计时注意该问题。

爆炸形成的原因是氢、氧化合反应时放出热量（氢、氧合成 1 mol 水时产生的热量为 134 kcal[①]）使反应产生的水蒸气极度膨胀而形成的。但在普通温度下氢、氧并不化合，当温度为 300℃时，经过数天才产生一些水迹，当 518℃时，氢、氧化合需要数小时，而当温度为 700℃时化合只需要一瞬间。另外，氢、氧容器壁内的自然条件及混合气体中水蒸气的多少，对氢氧混合气体的化合速度也有相当的影响，如干燥的氢氧混合气体在 960℃时不会爆炸，而当空气中氢含量占 4%以上时，则形成一种易爆炸的混合气体，遇到温度为 500～700℃的灼热体或受到电火花的激发便会爆炸。

为防止爆炸，必须采取限温、限量、限水蒸气等安全措施。例如，清除鱼雷内的空气代之以充满氮气，用耐压壁隔开电池仓，控制电池组的温度，限制电池仓内的氢氧含量，防止电动机火花，控制火花与氢氧混合气体接触，防止电动力装置内部短路等。

在用一次激活电池作为鱼雷用电源时，为了保证发射安全，还必须考虑到一次电池的激活时间，若激活时间过长，可使电池组因电压上升迟缓而影响控制系统及电动力推进系统的工作，从而引起鱼雷出口弹道的反常，产生威胁发射艇安全的可能性。

在鱼雷收回和工作结束后的维护期间，为了消除危险，电池仓内由电池工作帽或气塞透气口放出的氢气必须排除，为此可在电池仓上安装安全阀和通风装置。一般当排气压力为 0.5 bar[②]时，安全阀自动打开，通风装置则根据情况而用。对于一次电池组还要应用另一项安全措施，一般情况下，鱼雷航行的时间要比电池组的极限工作时间短一些。对于大功率的一次电池，在全航程试验完成以后剩余的小部分容量在短路的情况下也可能发生起火的危险。为了防止这种情况发生，必须使电池组完全放电，因此需要连接一个分泄电阻，使电池组剩余的电能通过分泄电阻变成热能而散失掉。

为了防止电解液溢出而腐蚀雷壳及其他部件，设计电池组时，必须采取相应的结构，使电池组在鱼雷航行中、航行结束漂浮后电解液不能溢出或溢出量限制在极小的范围内。

只要在鱼雷的设计和使用中采取相应的措施，产生危险的根源是能够消除的，安全是有保证的。

### 0.3.6 电动力装置设计中温度必须加以限制

鱼雷电动力装置在能量转换过程中，一部分变成为有用的能量，其余的则变成为热能；电路中的通断控制部件及电缆在大电流的情况下也会产生高温。尽管海洋是理想的散热体，同时以鱼雷的金属外壳传热到海洋里也是很优越的，但在电动力装置与壳体之间的介质仍为气体，而气体的导热系数很低，尤其对短时工作的电动力装置，在散热不良的情况下，热量基本上被装置本身所吸收，因而造成不少装置在高温下工作。

对于电池组而言，电池组的化学能在能量转换中有一部分变成有用的电能供推进电动机使用，而另一部分则变成热能。对于以鱼雷壳体作为电池组外壳的堆式电池（一次电池），可认为向海洋的传热形式以对流换热为主，而对于具有电池仓，即电池组安装于鱼雷电池仓内的电池组，则可认为热主要以热传导的方式散发。不管以鱼雷壳体作为电池组壳体还是以鱼雷壳体做电池仓，电池组与海洋之间的温差主要取决于电池组的平均比热容和以热的形式消耗的

---

① 1 cal=4.184 J，1 kcal=4.184 kJ。

② 1 bar=$10^5$ Pa。

能量。为了提高鱼雷的战术性能，在限质量、限体积的情况下，总是试图提高单位质量能量，于是电池的温升会很高，因此在选择高比能电池时必须将其温升限制在许可的范围，在必要的情况下还要采取控制电池温升的措施，如选用导热系数大的惰性气体充入电池仓、减少电池组壳体与鱼雷壳体之间的距离等。对于鱼雷推进电动机，采取上述的措施同样可以减小电动机的温升。

当设计控制装置和电缆时，也必须控制其所容许的温度。例如，当断开和接通电动机电路的气动式接触器的触头材料为紫铜，通过的电流为 830 A 以下时，其寿命只有 1～2 次；当电流达到 890 A 以上时，每次通断触头都要熔焊，如果将触头材料改为银石墨和银镍等耐高温且导电性又好的材料，就可以解决熔焊问题，寿命可达 10 次以上。

当设计电动力系统时，温度极限是与电负荷密切相关的，选择电负荷时必须注意温度，而结构、材料应保证各装置在此温度下可靠工作。

### 0.3.7 双转系统

由于电动力鱼雷的航速一般较热动力鱼雷低，所以对转螺旋桨的使用较泵喷射推进器更为普遍，无论鱼雷推进电动机采用单转（只是电枢旋转）还是双转（电枢、磁轭同时反向旋转）的形式，都要实现它所驱动的螺旋桨按相反的两个方向旋转。这两种电力拖动系统各有优缺点。

为了驱动螺旋桨双转，单转高速推进电动机必须采用差速减速器，以实现分速和减速，一般采用单列 2K - H（2K 代表轮系中有两个中心轮，H 代表转臂）差动行星轮系。这种轮系具有结构紧凑、体积小、质量轻、效率高、制造和安装较为简单的优点，符合鱼雷对动力装置的要求。这种轮系的效率较高，一般为 0.97～0.99。

根据作用与反作用定律，因为电动机定子也受到一个与转子电磁力矩大小相等而方向相反的力矩，所以双转鱼雷推进电动机就不需要上述差速变速机构，它的旋转电枢与磁轭可以直接同内、外螺旋桨轴相连，因此这种电动力装置简化了结构，同时消除了差速变速器的噪声，对声自导装置的工作有利。

在单转高速鱼雷推进电动机中，由于定子是固定在鱼雷壳体上的，这样作用在鱼雷壳体上就有两个力：一个是螺旋桨产生的推力，作用于壳体使鱼雷克服航行阻力而前进；另一个是由电磁力矩作用产生的反力矩。为了消除鱼雷的横滚，在总体设计中必须采取相应的措施来抵消该反力矩。

为了缩小电动机的尺寸，单转鱼雷推进电动机转速可高达 10 000 r/min，由于高速旋转体的陀螺效应，当鱼雷回旋时将产生陀螺力矩。当鱼雷在水平面回旋时，该陀螺力矩使鱼雷下潜或上浮；而当鱼雷在垂直面回旋时，该力矩使鱼雷向左或向右偏离航向。但一般鱼雷推进电动机电枢的转动惯量不大，鱼雷旋回时的角速度也不高，因此产生的陀螺力矩可以通过控制系统自动操舵来平衡，无须采用专门的措施。

为了保证电动机的电刷和磁极相对静止，双转电动机的电刷机构必须随着磁系统以同样的速度旋转，因此双转电动机比单转电动机结构稍微复杂。

虽然双转和单转电动机各有优缺点，但鱼雷上应用哪一种，要根据具体的要求而定，在主要生产电动力鱼雷的国家里，这两种系统的电动机都存在。对于串激电动机，只有当电枢转速超过 8 000 r/min 时，高速单转电动机的优越性才能得到有效的发挥。

### 0.3.8 变速

为了使鱼雷适应使用目的,有时一种鱼雷采用多个速制,改变鱼雷推进电动机转速的途径只能是改变输入电压和改变激磁磁通,但现役鱼雷推进电动机一般为直流串激电动机或永磁电动机,特别是对于磁轭和电枢相对旋转的电动机,要实现改变激磁的困难较大,而用改变电压的方法达到改变速制的目的则较为简单,并且工作可靠。

同一组电池,高速、低速工作时由于放电电流不同,可造成高速、低速时电池的平均电压不同。如果辅助用电都按电压要求由电池组供电,则单体电池电压改变,必然影响串联单体电池数目不变的辅助用电电压,这样就会影响辅助用电仪器的工作性能,这一问题需要重视。

### 0.3.9 使用环境

现代鱼雷的运动范围不只在水中,随着鱼雷携带者和发射器的不断更新,它已发展到空中(直升机、火箭助飞)、水面(水面舰艇)和水下(潜艇)发射,再加上各地的自然条件不同,鱼雷的使用环境非常复杂。为了适应多变、复杂的自然环境,设计时必须加以考虑。

鱼雷有可能在热带烈日下,暴露在舰艇的甲板上,又有可能在寒冷的海面及高空中出现,因此对系统的环境试验条件要根据不同的携带者所处的环境作出规定。例如,规定鱼雷的环境温度应高温为 $50\pm2℃$,低温为 $-40\pm3℃$。在这样的环境条件下,电动力系统性能应可靠。

热带地区雨季的相对湿度可达 95% 以上,在"湿、热"同时具备的条件下,对电动机或其他电动力装置的绝缘性能是一个考验,因此在绝缘结构设计和绝缘工艺处理上应多加考虑。按试验条件规定,湿度应为 $95\%\pm3\%$。

湿热带型气候是发生霉菌的主要外界因素,在海洋和沿海地区工作,盐雾的侵入也是不可避免的。因此,电动力系统环境试验中也应考虑盐雾、霉菌试验。

鱼雷不可避免地随着携带者的振动而振动,即使当鱼雷进入自航阶段时,也由于鱼雷电动机的运转而振动,因此设计时,应使电动机转速尽量避开共振点,并且在所有电动力系统结构设计上,所有连接零件应加上锁紧装置。另外,还应考虑鱼雷在横滚、纵倾、摇摆过程中电动力系统是否能可靠工作。

在进行部件设计时,必须综合考虑这些问题,否则可能造成部件性能合格而系统工作不合格,或动力系统不能适应鱼雷要求的情况。

## 0.4  鱼雷电动力系统技术指标的确定

### 0.4.1 技术任务书的制定

当设计、制造新型产品时,必须先制定技术任务书,它是设计新产品的技术文件。鱼雷电动力装置技术任务书的制定必须以鱼雷战术任务书为依据,而鱼雷战术技术任务书的制定应根据海军作战任务对鱼雷提出的要求、鱼雷在战争及平时训练期间的使用经验、现有鱼雷中已经采用或已经进行过研究试验的新成就,还有研究和分析与鱼雷制造方面相接近的科学技术以便在新产品设计中应用,以及实现这些新技术的工艺可能性。根据上述各要点制定的鱼雷战术技术任务书确定后,鱼雷电动力装置技术任务书应以此为依据,并进行初步计算和分析,以便确定电动力系统的实现可能性,在此基础上进行大量试验和专题研究,最后进行正式设计和试生产,经海试完全合格之后才能定型量产。

鱼雷电动力装置技术任务书主要包括能源容量、额定电压、工作时间、外形尺寸及在鱼雷上的安装、质量、速率及效率、环境条件(温度、冲击、振动等)、寿命等内容,且应根据不同使用要求而提出的其他特殊要求来制定。

### 0.4.2 航行阻力的估算

鱼雷的战术技术要求已经确定了鱼雷应达到的速度及其对应的航程,对应于一定的航速,鱼雷航行阻力可以按照下式进行估计:

$$R_x = C_x \frac{\rho v^2}{2} \Omega \tag{0-2}$$

式中,$R_x$ 为鱼雷航行阻力;$v$ 为鱼雷航速;$\rho$ 为海水密度;$\Omega$ 为鱼雷沾湿面积;$C_x$ 为航行阻力因数,可以表述为摩擦阻力因数 $C_f$ 和涡阻因数 $C_w$ 之和。其中,摩擦阻力因数可以按照下式进行估算:

$$C_f = \frac{0.455}{(\lg Re)^{2.58}} \tag{0-3}$$

其中,雷诺数为

$$Re = \frac{vL}{v} \tag{0-4}$$

式中,$L$ 为鱼雷长度;$v$ 为海水运动黏度。

而涡阻因数则可按照下式进行估算:

$$C_w = 0.09 \frac{S}{\Omega_t} \sqrt{\frac{\sqrt{S}}{2L_t}} \tag{0-5}$$

式中,$S$ 为鱼雷横截面积;$\Omega_t$ 为无鳍舵雷体沾湿面积;$L_t$ 为雷尾尖削长度。

按式(0-5)计算的涡阻因数数值一般比鱼雷实际的涡阻因数大一些,但是鱼雷实航时是借着操纵仪器自动控制舵角来实现航行的,处在一种动平衡状态,而水池的拖曳试验是稳定的直线航行。此外,雷体表面并不是完全光顺的,还有一些对流体运动性能有影响的结构。因此,当计算实际雷体阻力时,要增加一个阻力因数补贴,通常取为按水池试验数据计算的总阻力因数的 10% 左右。因此,航行阻力因数可以估计为

$$C_x = 1.1(C_f + C_w) \tag{0-6}$$

需要指出的是,鱼雷在不同海水温度下航行时,由于海水密度、黏度的变化,其所受的阻力也稍有不同。

### 0.4.3 螺旋桨特性估计

就动力装置而言,螺旋桨的高速转动、电动机和传动装置的电磁及机械振动等均会产生鱼雷噪声,其中以螺旋桨发出的噪声最大,其频率分布也很宽,在不同方向上的传播强度与潜艇噪声相似,因而对自导作用距离的影响也很大。根据螺旋桨理论,当螺旋桨转速超过在规定正常工作条件下的临界转速时就会产生大量空泡,不但使螺旋桨的推力和效率下降,同时还将产生强空泡噪声,使自导作用距离降低,因而在满足总体战术技术要求的情况下,螺旋桨的转速不能高于其临界空泡转速。根据经验,航速在 50 kn 以下的鱼雷,螺旋桨的转速应控制在

2 000 r/min 以内,一般其推进效率可达 83%。

工作于雷体后面的螺旋桨将产生附加阻力,在雷-螺旋桨系统中,该阻力被螺旋桨所产生的部分推力所平衡,因此螺旋桨的总推力中,一部分消耗于克服鱼雷航行阻力 $R_x$,另一部分消耗于克服称之为推力减额的附加阻力 $\Delta T$,即

$$T = R_x + \Delta T \qquad (0-7)$$

式中,$T$ 为螺旋桨的总推力。

推力中用来克服鱼雷运动阻力的部分称为螺旋桨的有效推力,而用推力减额因数来描述推力减额值:

$$t = \frac{\Delta T}{T} \qquad (0-8)$$

式中,$t$ 为推力减额因数。

则螺旋桨总推力需求值为

$$T = \frac{R_x}{1-t} \qquad (0-9)$$

推力减额因数可由经验公式进行估算,其值为 $0.15 \sim 0.27$。

当螺旋桨和鱼雷在实际流体中运动时,鱼雷的前进速度和螺旋桨在敞水中的轴向速度之差称为雷体的伴流速度,两者的关系可由下式描述:

$$v_p = v(1-\omega) \qquad (0-10)$$

式中,$v_p$ 为螺旋桨在敞水中的轴向速度;$\omega$ 为雷体伴流因数,一般取值为 $0.18 \sim 0.23$,需要注意的是 $\omega$ 沿桨叶半径而变化,桨叶的梢部小,而根部最大,估算时可取等效值。

由空泡理论可知,鱼雷航行深度越大,同一个螺旋桨的临界转速越大,即越不易产生空泡,因而为了限定临界转速的最小值,对同一个螺旋桨要限定最小沉深,此深度即为鱼雷航行的最浅深度。

应对新设计的螺旋桨进行水池拖曳敞水试验及空泡试验并取得敞水试验曲线,敞水试验曲线一般描述以相对进程为自变量,螺旋桨效率、推力因数、力矩因数为因变量的函数关系。

相对进程定义为

$$\lambda_P = \frac{v_p}{nD} \qquad (0-11)$$

式中,$\lambda_P$ 为相对进程;$D$ 为前桨直径;$n$ 为桨转速。

推力因数定义为

$$K_T = \frac{T}{\rho D^4 n^2} \qquad (0-12)$$

式中,$K_T$ 为螺旋桨的推力因数。

力矩因数定义为

$$K_M = \frac{M}{\rho D^5 n^2} \qquad (0-13)$$

式中,$K_M$ 为螺旋桨的力矩因数;$M$ 为螺旋桨吸收的转矩。

螺旋桨的敞水效率等于有效功率和消耗功率之比,即

$$\eta_p = \frac{Tv_p}{M2\pi n} = \frac{\lambda_p K_T}{2\pi K_M} \qquad (0-14)$$

式中，$\eta_p$ 为螺旋桨的敞水效率。

考虑式(0-9)、式(0-10)可得螺旋桨的推进效率，它等于推进功率和消耗功率之比，即

$$\eta_T = \frac{R_x v}{M 2\pi n} = \eta_k \eta_p \tag{0-15}$$

式中，$\eta_T$ 为螺旋桨的推进效率。

而雷体影响系数为

$$\eta_k = \frac{1-t}{1-\omega} \tag{0-16}$$

### 0.4.4  电池组的性能指标要求

根据式(0-14)，不难给出推进电动机的输出功率为

$$P_m = \frac{R_x v}{\eta_T} \tag{0-17}$$

式中，$P_m$ 为推进电动机的输出功率。

考虑到推进电动机及传动机构的效率 $\eta_m$（串激电动机的效率在 0.85 左右，永磁电动机的效率则接近 0.9，但需考虑到减速机构的传动效率），电池组的输出功率应为

$$P_c = \frac{P_m}{\eta_m} \tag{0-18}$$

式中，$P_c$ 为电池组的输出功率。

根据航程要求，不难给出鱼雷的运行时间 $H$，因此电池组的输出能量应为 $P_c H$，为了保证电池在鱼雷所处的各种环境条件下有足够的输出能量，通常还要取 $5\% \sim 10\%$ 的保险系数。

### 0.4.5  电池类型

能够用作电池正、负极及电解质的物质大约有 500 种，用这些物质大约能组合成 $1.25 \times 10^8$ 种电池，但目前已经应用或近期有可能应用的电池却只有几十种，而已经应用于鱼雷或近期内有可能应用于鱼雷的电池更少，只不过六七种。其原因就是，鱼雷对其电池不但要求比能量要高而且要求比功率也要高，而这两种特性在有些电池中是互相矛盾的。

现役鱼雷上应用的几种电池其价格也不同，以铅酸蓄电池的价格为基准，几种鱼雷电池的使用价格指标可见表 0-1。

表 0-1  鱼雷电池的使用价格指标

| 电池类型　　　指标 | 铅酸蓄电池 | 镉镍电池 | 银锌二次电池 | 银锌一次电池 | 镁氯化银电池 |
|---|---|---|---|---|---|
| 实物价格/千元 | 1 | 6.15 | 23 | 23 | 31 |
| 可使用次数/次 | 20 | 40 | 6 | 1 | 1 |
| 单次射击的单价/千元 | 1 | 3.08 | 77 | 460 | 615 |

为了降低成本，一般采用二次电池用于操雷，而战雷则可应用一次电池。

至于电池组电压、放电电流的确定，则是从电动力系统内部的匹配来选择的。从电池组角度来说，总希望电压低些（即电池组单体个数较少，所占鱼雷空间也较小）、电流大些，这样可以

使有效材料在总材料中的比例提高。但是对整个动力系统来说,电压太低,电流太大,将使单体电池的研制更加困难,使所有电结构均承受高温以及会增加推进电动机的设计质量。因此,电压及电流的确定,应在电动力系统内部作很好地协调。

现役电动力系统电压的极限主要取决于鱼雷电池舱段所容装的单体电池的个数,这是因为单体电池电压,对铅酸为 1.75~1.85 V,对镉镍为 1.0~1.1 V,对银锌为 1.3~1.35 V。电流主要限制温升及保证必要的搁置寿命和使用周期。从现役银锌电池来讲,电流与电压数值之比一般为 5~10。

按照高航速指标确定的系统性能自然能够保证低航速的要求,因此对于多速制鱼雷而言,应根据高速制要求确定系统的性能指标。

# 第1章 动力电池

## 1.1 引 言

水下推进用电池由于其工作环境特殊,而为了使产品能够达到要求的性能,对于电池有下列要求:

(1)要有优良的高速率放电性能,有高的质量比功率和体积比功率,以使水下航行器能够获得较高的航速。

(2)要具有高的质量比能和体积比能,在规定的体积和质量范围内储有足够的能量,以使水下航行器获得足够的航程。

(3)要保证水下航行器在各个环节中的安全性,不能有燃烧、爆炸或热失控等现象发生。

(4)要求安装使用比较方便,且价格尽可能低廉。

水下航行器推进用电池按照其发展过程可分为常规电池、新型电池以及潜力电池。例如,常规电池有铅酸蓄电池、银锌电池等,新型电池有 Al/AgO 电池、锂/亚硫酰氯电池、Li 离子电池等,而潜力电池有燃料电池等。

电池根据是否重复使用性又可分为一次电池和二次电池。一次电池指放电后不能再充电使其复原的电池,也叫干电池,由正极、负极电解以及容器和隔膜等组成;二次电池指能够将化学能和电能相互转化且放电后能够经过充电复原重复使用的电池,也叫蓄电池。比较而言,一次电池具有内部结构简单、能量密度大、自放电率低等优点;二次电池具有可循环使用(1 000次以上)、内阻小、带负载能力强、放电电流大等优点。对于鱼雷而言,一次电池多用于战雷,二次电池多用于操雷。

当前已经成功使用于水下航行器的电池主要有铅酸蓄电池、镍/镉电池、银/锌电池、镁/氧化银电池、铝/氧化银电池、锂/卤化物电池等,其能量比密度(简称比能)对比见表 1-1。各国现役电动力鱼雷的性能及其使用电池类型对比见表 1-2。

**表 1-1 应用于水下航行器的几种电池能量比密度对比**

| 类型及电化学组合<br>能量比密度 | 一次电池 | | | 二次电池 | | | |
|---|---|---|---|---|---|---|---|
| | 铅酸 | 镍/镉 | 银/锌 | 银/锌 | 镁/氧化银 | 铝/氧化银 | 锂/卤化物 |
| 实际能量比密度/(W·h·kg$^{-1}$) | 30 | 50 | 100 | 70 | 125 | 160 | 200 |
| 理论能量比密度/(W·h·kg$^{-1}$) | 170 | 240 | 440 | 440 | 440 | 1 090 | 1 490 |

铅酸蓄电池自 1895 年问世以来,经过不断地研究与改进,用于鱼雷动力已有 60 多年的历史,世界上第一条电动力鱼雷采用的就是铅酸蓄电池组,容量为 105 A·h,电流为 800 A,电压为90 V。铅酸蓄电池的主要优点是电动势高,内阻小,能承受大电流放电,使用温度范围

宽,原料丰富,价格较低;主要缺点是循环寿命不很长,比能低,充电时有酸雾逸出。

由于现代鱼雷性能不断提升,而铅酸蓄电池受其原理性能的限制,因此很难在现代鱼雷上得以应用。

**表 1-2 各国现役电动力鱼雷的动力电池及性能对比**

| 鱼雷型号 | 国家 | 蓄电池 | 功率/kW | 航速/kn | 航程/km |
|---|---|---|---|---|---|
| MK37 | 美国 | 银/锌 | 36 | 26~35 | 10 |
| F17(2 型) | 法国 | 银/锌 | 100/120 | 24~40 | 22 |
| A184 | 意大利 | 银/锌 | 100/120 | 24~56 | 10 |
| 海梭鱼(DM2A3) | 德国 | 银/锌 | 100/120 | 24~35 | 20 |
| 虎鱼 | 英国 | 银/锌 | 100/120 | 24~50 | 21 |
| MK44 | 美国 | 镁/氧化银 | 24 | 30 | 5.5 |
| A244 | 意大利 | 镁/氧化银 | 30 | 30 | 6 |
| 鲡鱼 | 英国 | 镁/氧化银 | 63 | 45 | 8 |
| 海鳝 | 法国 | 铝/氧化银 | >100 | >50 | 约 10 |
| A290 | 意大利 | 铝/氧化银 | >100 | >50 | 约 10 |

银/锌电池的比能和电动势均高于铅酸蓄电池,从而在 20 世纪 50 年代开始用于鱼雷动力。银/锌电池的应用,使得鱼雷的战术性能有了很大提高。目前也有不少鱼雷使用银/锌电池作动力。银/锌电池根据战斗射击和日常训练的不同要求,还被制成一次电池和蓄电池两种结构,前者用于战雷,后者用于操雷。

铝/氧化银电池是 20 世纪 70 年代中期由美国首先研制的一种高能堆式电池,以铝为负极,氧化银为正极,以溶解有氢氧化钾的流动海水为电解液。铝/氧化银电池具有比能高(160~200 W·h/kg)、电压高(1.6 V)、体积特性好、电流密度大、析氢量低、消耗白银少、可长期储存等优点。铝/氧化银电池需要配备辅助循环系统、初始电解液混合装置和电解液浓度保持装置,结构相对复杂。

锂电池是以金属锂为负极的化学电源系列的总称,是新型高电压、高能比一次电池。而在各种锂电池中,锂-亚硫酰氯($Li/SOCl_2$)电池的综合性能突出,比较适合于作为鱼雷的推进动力电源。

锂/亚硫酰氯电池是一种非水无机电解质电池,金属锂作为负极,亚硫酰氯在电池中既作正极又作电解液(在常温下亚硫酰氯为液态)。锂/亚硫酰氯电池具有许多优异的特性和指标,如比能高(200 W·h/kg 以上)、工作电压高(单体电压约为 3 V)、允许大电流放电、储存寿命长、放电电压平稳、工作温度范围宽(-40~+50℃)并且成本低等,凭借这些独特的优势,锂/亚硫酰氯非常有潜力成为最重要的水下电动力推进电源。然而,由于金属锂的活性极强,在高功率电池反应中能短时大量放热,引起电池局部高温、高压,最终可能导致燃烧和爆炸。当前如何保证安全工作是制约锂/亚硫酰氯电池大规模应用于水下航行器的技术瓶颈,并且将成为未来的研究热点。

锂离子电池是指以 $Li^+$ 嵌入化合物作为正/负极活性物质的一类二次电池。锂离子电池的正极活性物质一般采用锂与过渡金属形成的嵌入式化合物（锂/金属化合物），如锂钴氧化物、锂镍氧化物、锂锰氧化物和锂钒氧化物等；负极活性物质一般采用碳素材料；电解液一般采用有锂盐的有机溶液，如 $LiPFe$、$LiClO_4$、$LiAsF_6$、$LiBF_4$ 和 $LiN(CF_3SO_2)_2$ 等有机溶剂。

在发展现有电池技术的同时，一些新的电池技术也在不断涌现，这其中比较有潜力的当属燃料电池。

燃料电池是一种将燃料和氧化剂的化学能直接地、连续地转变成电能的化学电源装置。燃料电池与一般电池的主要区别在于能量供应的连续性，燃料电池的燃料和氧化剂（通常以氧气为主）是从由电池外部不断供应的，而一般电池的燃料和氧化剂是需要预装在电池里面的。燃料电池的能量转化效率高，理论可达 86%，然而一般热机的效率不超过 45%。燃料电池种类繁多，目前正处于蓬勃发展的阶段，假以时日，必然能够在水下动力推进方面大展身手。

# 1.2　铅酸蓄电池

## 1.2.1　铅酸蓄电池概述

铅酸蓄电池是化学电源的一种，其正极活性物质是过氧化铅（$PbO_2$），负极活性物质是海绵状铅（$Pb$），电解质是浓硫酸，是一种最常见的二次电池。自从法国科学家普兰特（G. Plante）于 1859 年发明铅酸蓄电池以来，已经经历了 150 多年，铅酸蓄电池在技术和工艺上都有很大的发展，从最初的开口型、防酸隔爆型，发展到后来的消氢型、阀控密封型。

铅酸蓄电池是目前世界上产量最大、适用范围最广的一种电池，在整个电池行业中，铅酸蓄电池占有很大的比例。在我国，铅酸蓄电池一直都是电池行业中生产量最大的一类，并且近 20 年来随着汽车、通信、交通、计算机等产业的迅速发展，我国对蓄电池的需求相应的每年都以 10% 以上的速度增长，其中铅酸蓄电池的产量在 2013 年达到了 $1.75 \times 10^8$ kW·h，较 2012 年增长了 27.3%，高达 2002 年公布数据的 6 倍。

铅酸蓄电池具有价格低廉、供电可靠、电压稳定等特点，广泛应用于国防、通信、电力、铁路和工农业生产等领域。密封免维护型铅酸蓄电池不但具有密封好、无泄露、无污染等优点，而且能够保证人体和各种用电设备的安全，在整个寿命期间，无须任何维护，运行成本低。

随着技术和工艺的不断进步，鱼雷动力用铅酸蓄电池的性能也在不断改进和完善，这主要体现在比能量的不断提高。从第二次世界大战以来，铅酸蓄电池的比能量提高了 1 倍，达到 56 W·h/kg。使用新型铅酸蓄电池作为动力推进电源，鱼雷可以实现以 36 kn 的速度航行 6 000 m。我国现役某电动力鱼雷即是以铅酸蓄电池为动力电源的，然而，受制于原理和性能，用于鱼雷动力的铅酸蓄电池在比能方面很难再有大幅度提升的空间。铅酸蓄电池虽然造价低廉，使用简单，但是比能量较小，然而，随着时代的发展和技术的进步，在比能量要求较高的行业中铅酸蓄电池已被逐渐淘汰。

## 1.2.2　铅酸蓄电池的基本结构

铅酸蓄电池主要由正极板、负极板、电解液、隔膜（或隔板）、电池槽、电池盖以及其他零部件构成，其中正、负极板分别焊接成极群，铅酸蓄电池的典型结构如图 1-1 所示，不同用途的铅酸蓄电池在结构上略有区别。

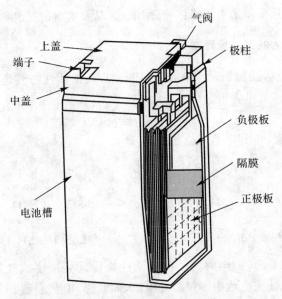

图 1-1 铅酸蓄电池典型结构

### 1. 正、负极板

正、负极板由板栅和活性物质构成,板栅有支持活性物质和导电的作用,一般使用铅锑合金制成。铅酸蓄电池工作在充电状态时,正极活性物质为二氧化铅($PbO_2$),负极为海绵铅;工作在放电状态时,正极和负极的活性物质均为硫酸铅($PbSO_4$)。

负极板一般为平板状,是通过把铅膏涂填在板栅上制成的涂膏式极板。正极板结构根据电池的用途不同而不同,主要有涂膏式极板和管式极板两种。

极板的尺寸对电池性能影响较大,如果极板过高,则放电时电池内的电解液上、下浓度差大,极板上电流分布不均匀,大电流放电时极板利用率低。

### 2. 电解液

铅酸蓄电池的正、负极板都浸在一定浓度的硫酸电解液中,电解液是铅酸蓄电池的重要组成部分。硫酸电解液除承担正、负极间离子导电作用外,还参加化学反应。在放电过程中,一部分硫酸被消耗,电解液浓度逐渐降低,在充电过程中又逐渐恢复原状。因此,铅酸蓄电池的电解液有纯度和浓度要求,电解液要纯度高,以避免引起由于掺入杂质带来的副反应造成的极板损坏;电解液要有合适的浓度,以降低自身电阻,提高电极电压、容量以及寿命,并且抑制副反应的发生。

### 3. 隔板和电池槽

隔板的作用是防止正、负极板活性物质直接接触而导致短路,保证电解液在正、负极板之间有良好的导电性,防止活性物质脱落,减轻极板弯曲变形。隔板的质量对电池性能和寿命影响很大,铅酸蓄电池对隔板的要求主要有绝缘、能够抑制活性物质微粒和枝晶的生长、耐浓硫酸腐蚀、抗氧化性强、孔隙率大以及机械强度好等方面。

当前,铅酸蓄电池大多数使用微孔橡胶隔板,也有使用玻璃纤维隔板以及悬浮法 PVC 烧结式隔板。近年来,新发展起来的铅酸蓄电池隔板有乳液法生产的 PVC 隔板、PP 无纺布聚丙烯隔板、超细玻璃纤维隔板、PE 隔板以及吸液式超细玻璃纤维隔板(AGM)等。

电池槽起容器作用,必须是电绝缘体,有耐酸、耐温要求,机械强度好,耐振动、抗冲击。

### 1.2.3 铅酸蓄电池的工作原理

铅酸蓄电池的正极活性物质是二氧化铅($PbO_2$),负极活性物质是海绵状金属铅,电解液是硫酸,在电化学中该体系可表示为

$$(-)Pb \mid H_2SO_4 \mid PbSO_4 (+)$$

铅酸蓄电池的电极反应和电池反应如下:

负极反应
$$Pb + HSO_4^- \underset{充电}{\overset{放电}{\rightleftharpoons}} PbSO_4 + H^+ + 2e^-$$

正极反应
$$PbO_2 + 3H^+ HSO_4^- + 2e^- \underset{充电}{\overset{放电}{\rightleftharpoons}} PbSO_4 + 2H_2O$$

负极反应
$$Pb + PbO_2 + 2H^+ + 2HSO_4^- \underset{充电}{\overset{放电}{\rightleftharpoons}} 2PbSO_4 + 2H_2O$$

从上述反应式可以看出,放电时,正、负极活性物质均生成了硫酸铅($PbSO_4$),因此称为"双硫酸盐化"过程。硫酸在电池中不仅传导电流,而且参加电池反应,随着放电过程的进行,硫酸不断被消耗,与此同时有水生成,进而导致硫酸浓度不断降低;充电过程,硫酸铅($PbSO_4$)参加反应被消耗,并且不断生成硫酸,电解液浓度不断增加。因此,电解液的相对密度可以反映铅酸蓄电池的荷电状态。

### 1.2.4 铅酸蓄电池的性能

#### 1. 铅酸蓄电池的内阻

铅酸蓄电池的内阻比较小,工作在小电流放电状态电池内阻造成的电压降可以忽略不计。对于特殊的用于大电流放电或脉冲式放电的铅酸蓄电池,当对电路总压降有一定要求时,电池内阻非常重要。

电池的内阻指电流通过电池所受到的阻碍,包括欧姆电阻和电化学反应中的电极极化电阻。其中,欧姆内阻包括电解液、电极和隔板等的电阻;极化电阻造成的压降不遵守欧姆定律。由于内阻的存在,电池的工作电压始终小于开路电压。放电过程活性物质的组成、电解液的浓度和内部温度都在不断变化,因此电池的内阻并不是常数。

铅酸蓄电池的欧姆内阻包括电解液、电极和隔板等的电阻。

电解液的欧姆电阻主要与其成分、浓度和温度相关。为了降低电池内阻,应该在考虑浓度对于电极极化、自放电、电池容量和使用寿命影响的基础上,结合电导率,选择最佳的电解液浓度范围。硫酸溶液在30%~35%的浓度范围具有最高的电导率,考虑硫酸需要参与电池反应,铅酸蓄电池中硫酸电解液的实际使用浓度一般为36%~40%,该浓度下电池综合性能最优。

极板自身的电阻一般较小,然而放电过程中形成的硫酸铅是电的不良导体,增加了极板的电阻。对于铅酸蓄电池,在开始放电之后其内阻逐渐增加,放电将要完成时则内阻急剧增加,放电完成时内阻一般为放电开始时的2~3倍。

电池隔板材料为绝缘体,然而隔板为多孔结构,微孔内充满电解液,电解液的离子在隔板微孔内迁移形成电流,所谓隔板电阻指的是电流通过隔板微孔中的电解液时受到的阻碍,主要受隔板孔隙率、孔径和孔的曲折程度等因素的影响。对于铅酸蓄电池,目前采用的隔板有微孔

橡胶隔板、微孔塑料隔板和玻璃纤维隔板等,其中微孔橡胶隔板的电阻较高。

铅酸蓄电池中的活性物质为碳粉,比表面积大,小电流放电时极板电流密度小,极化程度弱。大电流放电或在低温环境工作时,铅酸蓄电池负极将发生钝化或不可逆硫酸盐化,此时具有较大的极化电阻,并对电池容量有一定的影响。

2. 铅酸蓄电池的充、放电特性

对电池进行恒流充、放电时,电池端电压、电解液浓度以及温度等随时间的变化规律即电池的充放电特性在充放电过程中,电池的端电压可表示为

充电过程: $$U = E + \Delta\varphi_+ + \Delta\varphi_- + IR$$

放电过程: $$U = E - \Delta\varphi_+ - \Delta\varphi_- - IR$$

式中,$U$ 为电池的端电压;$E$ 为电池的电动势;$\Delta\varphi_+$ 为正极板的超电势;$\Delta\varphi_-$ 为负极板的超电势,$I$ 为充放电电流;$R$ 为电池内阻。

铅酸蓄电池在充、放电过程中,由于活性物质成分和电解质浓度的变化引起浓差极化,致使电池内阻发生变化,因此电池的充、放电特性曲线呈现非线性。电池的充、放电特性曲线直接反映电池的性能,如图 1-2 所示为铅酸蓄电池以 $0.1C$ 进行恒流充、放电时的电压特性曲线。

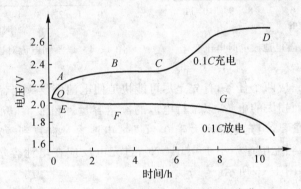

图 1-2  铅酸蓄电池充、放电时电压变化

放电刚开始时,活性物质附近的硫酸被消耗且得不到及时补充,导致电极电势增加,因此 $OE$ 段电压下降较快;随着放电的进行,活性物质附近的硫酸消耗速度与补充速度逐渐达到平衡,因此 $EF$ 段电压变化平稳;随着放电反应的进行,电解液中的硫酸被消耗,浓度逐渐减小,因此 $FG$ 段电压呈现缓慢下降趋势;硫酸浓度的不断降低导致电池电动势降低,同时活性物质不断被消耗导致反应面积减小且极化增加,放电反应的生成物 $PbSO_4$ 的积累导致电池内阻增加,多种因素综合作用导致 $G$ 点以后电压急剧降低。

充电刚开始时,由于 $PbSO_4$ 转化为 $PbO_2$ 和 $Pb$,且有硫酸生成,因而活性物质附近的硫酸浓度迅速增加,因此 $OA$ 段电压快速增大;达到 $A$ 点后,活性物质附近的硫酸生成速度与扩散速度达到平衡,因此 $AB$ 段电压达到平衡;随着充电的进行,电化学反应逐渐接近终点,即 $C$ 点;最后,极板上所存在的 $PbSO_4$ 很少,$Pb^{2+}$ 极度缺乏,电化学极化增加,导致正、负极电势差很大并且水被电解,结果导致电压急剧增大,即 $CD$ 段所示,亦称过充电反应。

以 $0.3C$,$0.2C$ 和 $0.1C$ 电流放电时,铅酸蓄电池的电压变化如图 1-3 所示。大电流放电过程,硫酸浓度变化剧烈和内阻增大导致电压降低,放电开始后电压下降明显,曲线的平缓部

分短。急放电时电压倾斜度大，主要是电解液的扩散不足以补充放电的消耗，导致极化增强所致。

以 0.5$C$,0.2$C$ 和 0.1$C$ 电流充电时，铅酸蓄电池的电压变化如图 1-4 所示。大电流充电过程，硫酸的生成速度和水的消耗速度较大，电压上升较快，导致两极极化增加，最终能够达到较高的电压水平。大电流充电可以加快充电过程，但是充电效率降低，充电后期大部分能量用于产生焦耳热和电解水，硫酸铅不能充分转化成活性物质，因此合理的充电过程一般在后期减小充电电流。

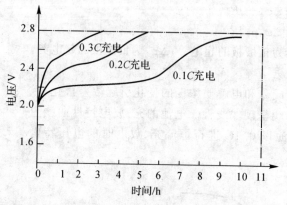

图 1-3　以不同电流对铅酸蓄电池放电时电压变化

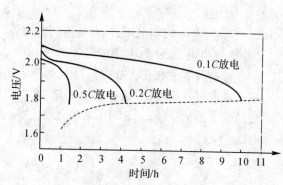

图 1-4　以不同电流对铅酸蓄电池充电时电压变化

电池充电通常要完成两个任务，首先是尽可能快地使电池恢复额定容量，然后是用涓流充电补充电池因自放电而损失的电量，以维持电池的额定容量。铅酸蓄电池的充电电流对恢复电池的额定容量非常重要，当充电速率大于 0.2$C$ 时，电池容量恢复到额定容量的 80% 之后，开始出现过充电现象，当充电速率小于 0.01$C$ 时，过充电反应在电池容量恢复到额定容量之后才开始，具体情况如图 1-5 所示。

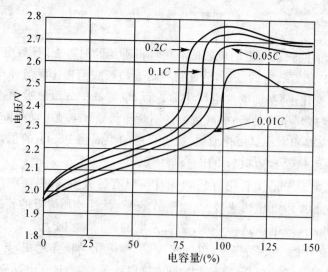

图 1-5　铅酸蓄电池充电曲线

铅酸蓄电池的循环使用寿命与充电深度和充电电压有关。以合理的充电电压进行充电，铅酸蓄电池以25％的放电深度工作可以循环使用超过1 000次，然而放电深度超过60％时电池寿命锐减。针对同样放电深度条件，电池的充电电压对使用寿命也有显著影响，过低或过高的充电电压均会导致铅酸蓄电池寿命的衰减，如图1－6所示。

铅酸蓄电池的放电能力受到工作温度和放电形式的影响，具体影响规律如图1－7所示。图1－7显示了不同温度条件和不同放电条件（恒流放电与脉冲大电流放电）对电池状态的影响。可以发现，在同样放电条件下，较高环境温度条件下铅酸蓄电池的单体电压更高；在同样温度条件下，铅酸蓄电池采用脉冲放电方式则能够表现出更加良好的放电能力。

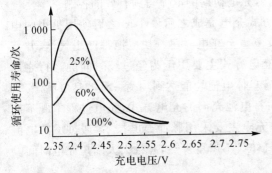

图1－6　循环使用寿命与充电电压的关系图

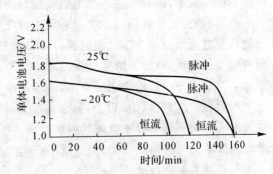

图1－7　不同放电条件对电池状态的影响

### 1.2.5　铅酸蓄电池的使用和维护

铅酸蓄电池使用寿命的长短与电池的使用方法密切相关，合理使用并适当维护可以大大延长电池的寿命。铅酸蓄电池的使用和维护主要指初充电、一般充电、电池运行方式和日常维护等方面。

#### 1. 初充电

初充电主要指对于新电池的前三次充电，如果新电池需要补充电解液，则需待电池温度降至35℃以下再开始首次充电。初充电一般使用0.1C或0.05C的电流进行充电，充电中如果温度过高则应该减小电流或者暂停充电，当电压达到2.6 V以上时水开始剧烈分解，表明充电结束。充电终期可以通过添加酸或者纯水的方法调整电解液浓度至规定值。

铅酸蓄电池充电必须使用直流电源，所需电压可用串联电池数乘以3 V粗略估算，初充电的充电量应该为电池额定容量的3～5倍。初充电对电池的使用寿命有着显著的影响，如果初充电不足，则电池长期容量不高，循环使用寿命少；如果初充电过量，则电池在使用一段时间后容量会急剧下降，电池寿命大大缩短。

#### 2. 一般充电方法

一般充电方法主要有恒流充电、恒压充电、恒压限流充电、均衡充电、快速充电、浮充电和脉冲快速充电等。

（1）恒流充电是以恒定电流对电池进行充电，在蓄电池的使用和试验过程中一般使用0.1C左右电流进行恒流充电。恒流充电过程中随着电池电压的变化需要对充电电压进行调整，使之维持恒定，该充电方式特别适合于串联电池组。恒流充电模式在开始阶段充电电流过低，充电后期电流过高，充电过程持续时间长，充电效率低（65％以下），不宜用于免维护铅酸蓄电池。恒流充电时间一般都在 15 h 以上。

(2)恒压充电是以恒定电压对电池单体进行充电,充电初期电流较大,随着充电的进行电流会逐渐减小,在充电终期电流非常小,不需对充电电流进行调整,整个充电过程非常简单。因为恒压充电过程电流自动减小,析出气体少,充电时间短,充电效率高(80％以上),如果电压选取得当,可以在 8 h 以内完成充电。恒压充电一般应用于并联电池组。采用恒压充电模式,如果电池放电深度过深,在充电初期充电电流会很大,甚至损伤电池。

(3)恒压限流充电采用限流的方法弥补恒压充电的不足,通过在充电电源与电池之间串联限流电阻实现。在充电初期电流较大时限流电阻的分压增大,反之在充电末期电流较小,限流电阻分压亦减小,由此实现了充电电流的自动调整,充电初期的电流得到有效的控制。

(4)均衡充电是将用过的电池采用正常充电方式充电完成之后停 1 h,之后使用更小的电流进行充电直至电池产生气泡时再停 1 h,如此反复直至充电时每一块电池都产生气泡,并且所有电池的电压、电解液浓度均保持不变。均衡充电方式主要用于为经过长时间的运行之后单体电池状态不一致的电池组充电,能够确保所有单体电池均能达到均衡一致的良好状态。

(5)快速充电是以 1C 以上的大电流短时间内将电池充满的充电方式,充电过程中既不产生大量液体又不至于导致电解液温度过高。快速充电主要采用脉冲充电技术,通过反向电流短时间放电的方法消除极化,保证既不产生大量气体又不严重发热,并且大大缩短充电时间。

3.铅酸蓄电池的运行

铅酸蓄电池根据使用要求进行串联或并联形成电池组,铅酸蓄电池组一般有 3 种运行方式:充放电式、连续浮充式和定期浮充式。

充放电式又称循环式,电池的工作方式是完全放电然后完全充电,然后再完全放电,如此循环。这种工作方式多用于移动型小容量便携式电池,由于多次充、放电过程中,活性物质因不断收缩和膨胀而发生软化和脱落,蓄电池使用寿命短,需经常维护。

4.铅酸蓄电池的维护

铅酸蓄电池性能的优劣除了与自身质量有关,和日常维护也密切相关,除免维护电池外,铅酸蓄电池都应该定期维护。铅酸蓄电池的日常维护主要有电池必须保持清洁,内部不能进入杂质;单体之间的导线连接必须可靠,确保通气孔不堵塞;注意电解液的液面和浓度,在充电终止后对电池进行补液;经常检测端电压和电解液密度,避免过充电和过放电;定期进行均衡充电,可以避免长期搁置导致的过度自放电和严重硫酸盐化。

5.免维护铅酸蓄电池

免维护铅酸蓄电池将补液时间延长至 5 年以上,基本不需要补液。自 20 世纪 70 年代后期进入市场以来已经得到了迅猛的发展,大量取代了传统的铅酸蓄电池。免维护铅酸蓄电池(MF)又称为密封蓄电池(SLA)、阀控式蓄电池(VRLA),具有以下特点:

(1)电池密封程度高,电解液像凝胶一样被吸附在高孔隙率隔板上,不轻易流动,电池可以横放或者倒置;

(2)电池板栅采用新材料和新技术制成,自放电系数小,电池在进行深度循环放电时容量不会过快降低;

(3)电池的正极和负极完全被隔板包围,活性物质不易脱落,使用寿命长;

(4)电池体积更小,容量更高,使用中不会析出气体或者酸雾,大大降低了维护工作量;

(5)电池内阻小,大电流放电特性好。

# 1.3 银 锌 电 池

### 1.3.1 银锌电池概述

银锌电池以氧化银($AgO$, $Ag_2O$)为正极,以锌($Zn$)为负极,以氢氧化钾($KOH$)溶液为电解液,是一种碱性电池。银锌电池于 20 世纪 40 年代问世,是一种性能极为优良的碱性蓄电池,比能量、比功率等性能均优于铅酸、镉镍等系列电池,在民用航空、航天和军事领域得以大量应用。日常生活中常见的银锌电池以扣式电池居多,广泛应用于各类电子产品。此外,银锌电池在飞机、潜艇、鱼雷、浮标、导弹、飞行器和地面电子仪表中的特殊用途和独特优势,使其始终保持着长盛不衰的态势。

银锌电池是一个应用范围受较大局限的电化学体系。虽然银锌电池优点突出:输出电压平稳,功率密度和能量密度较高;但是缺点也很明显:循环寿命短,价格较高。

银锌电池根据工作性质可以分为一次电池、二次电池和储备电池 3 种形式。从外形来看,一次电池主要为纽扣形;二次电池(蓄电池)主要有矩形、圆柱形和纽扣形 3 种,其中矩形蓄电池最常见;储备电池根据具体使用情况可设计成不同的形状。

### 1.3.2 银锌电池基本结构

针对不同种类的银锌电池,此处仅介绍银锌二次电池和储备电池的基本结构形式,这两类电池适用于鱼雷动力推进电源,其中前者常用于操雷,后者常用于战雷。

#### 1. 银锌二次电池

银锌二次电池又名银锌蓄电池,其质量比能量和体积比能量在实际使用的二次电池中均位于前列,开路电压为 1.86 V。银锌蓄电池一般制成矩形、圆柱形或纽扣形,其中矩形最为普遍。银锌蓄电池单体由气塞、极柱、隔膜、正负极板、集流网以及壳体构成,具体结构如图 1-8 所示。电池单体盖上有单向阀,用于控制电池内部压力并且防止二氧化碳进入,接线柱一般由镀银的黄铜制成。

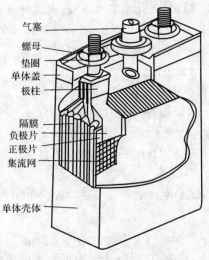

图 1-8 银锌蓄电池单体结构

银锌电池采用 $30\%\sim40\%$ 的 KOH 水溶液作为电解液,在电解液中适当加入一些添加剂可以改善电池性能,如氧化锌的饱和水溶液等。银锌蓄电池在充注电解液后寿命较短,一般以干荷电状态存放。

2. 激活式储备电池

大规模的银锌电池一般都做成储备式电源,电极以充电状态安装在电池中,不预先充注电解液,可以长期保存,电池性能稳定。使用时自动充注电解液并激活电池,电池可以在短时间内进入工作状态。

为了保证银锌电池组能够在尽可能短的时间内激活并进入工作状态,银锌储备电池需要一套附加的激活装置,由电解液储存器、气体发生器(或高压气瓶)和控制系统等组成。

银锌储备电池的常见结构一般有两种,分别如图 1-9 和图 1-10 所示,前者采用盘管式储液器,后者采用软皮囊储液器。电池需要工作时,气体发生器开启,使用高压气体挤代储液器中的电解液,完成电解液的充注工作,激活电池。

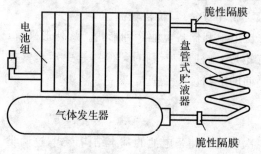

图 1-9　带盘管储液器的银锌储备电池

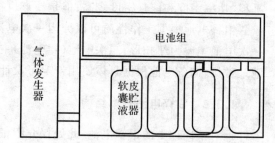

图 1-10　带软皮囊储液器的银锌储备电池

### 1.3.3　银锌电池工作原理

银锌电池负极一般采用多孔金属锌或其氧化物混合适量缓蚀剂和黏合剂而组成的活性物质,采用干压或涂膏的方式将活性物质固定在导电网上制成极片。锌银电池的正极一般采用多孔金属银及其氧化物构成的正极活性物质,使用同样的方法制成极片。正、负两极之间有隔膜和阻挡层,电解液为氢氧化钾或氢氧化钠的水溶液,电池外壳和电池盖都是用薄钢片冲压制成的并且镀有镍或金。

银锌电池实际上有两种,一种是以锌为负极材料、氧化银为正极材料的银锌电池,也是最常见的银锌电池,称之为一价银锌电池。

一价银锌电池的电化学表达式可写成

$$(-)Zn\,|\,KOH\,|\,Ag_2O(s)(+)$$

电池放电时,负极反应为

$$Zn+2OH^-\longrightarrow ZnO+H_2O+2e^-$$

电池放电时,正极反应为

$$Ag_2O+H_2O+2e^-\longrightarrow 2Ag+2OH^-$$

电池放电时,总反应为

$$Zn+Ag_2O\longrightarrow ZnO+2Ag$$

由于 $Ag_2O$ 的电阻率较大,约为 $108\ \Omega\cdot cm$,为了改善电极的导电性能,常在正极中添加质量分数为 1%～5% 的石墨粉。随着放电反应的进行,正极逐渐生成金属银,电阻会减小。

在碱性溶液中锌原子有自发失去电子的趋势,而银离子则有自发得到电子的趋势,因而正、负极构成回路,产生电流,这是银锌电池的放电机理。银锌电池的总电势由正、负极的标准电势决定。对于一价银锌电池而言,锌电极的电势为 $-1.260$ V,正极电势为 $+0.345$ V,因而其总电势为 1.605 V。

由于银锌电池放电反应生成氧化锌和银,所以随着放电反应的进行正极逐渐有银积聚,导电性能愈来愈好。因此,一价银锌电池的电动势为 1.55～1.60 V,工作电压一般可以维持在稳定的 1.5 V。

另一种银锌电池负极材料为活性锌粉,正极材料为过氧化银,电池电压更高,允许放电电流更大,为高功率电池的典型代表,称之为二价银锌电池。其正、负电极的制作工艺与前述一价银锌电池一样,正、负极活性物质均辅以导电网通过干压或涂膏的方式制成极板。

二价银锌电池的电化学表达式可写成

$$(-)Zn|KOH|AgO(s)(+)$$

电池放电时,负极反应为

$$Zn+2OH^- \longrightarrow ZnO+H_2O+2e^-$$

电池放电时,正极反应分为两步:

$$2AgO+H_2O+2e^- \longrightarrow Ag_2O+2OH^-$$

$$Ag_2O+H_2O+2e^- \longrightarrow 2Ag^-+2OH^-$$

电池放电时,总反应为

$$Zn+Ag_2O \longrightarrow ZnO+2Ag$$

其中,二价银离子得到一个电子产生的电势为 $+0.607$ V,因此二价银锌电池的放电电压存在两个明显的阶段,在进行第一步正极放电反应时电压可达 1.867 V,在进行第二步正极放电反应时电压为 1.605 V,在电压精度要求较高的应用环境需要特别考虑。

鉴于二价银锌电池的工作原理,其放电容量比一价银锌电池要高很多,此外,AgO 材料电阻明显小于 $Ag_2O$,因此,在比功率、比能量要求更高的军事领域二价银锌电池的应用更为广泛。

银锌蓄电池的放电反应为充电反应的逆反应,同样二价银锌电池的充电曲线也表现出两个不同的电压阶段。

较低电压阶段对应的充、放电反应:

$$Zn+Ag_2O \underset{充电}{\overset{放电}{\rightleftharpoons}} ZnO+2Ag$$

较高电压阶段对应的充、放电反应:

$$Zn+2AgO \underset{充电}{\overset{放电}{\rightleftharpoons}} ZnO+Ag_2O$$

### 1.3.4 银锌电池的性能

银锌电池的性能主要涉及其充、放电性能和使用寿命,鉴于银锌电池已大量应用于鱼雷,此处还将介绍用于水下动力推进的银锌电池的主要性能指标。

1. 充、放电性能

由于银锌电池的电化学原理,其充、放电特性呈现两个电压阶段(见图 1-11),反映了两种不同化合价的银的氧化物对电池电压的影响。当充电即将完成时电池电压上升很快,可以据此控制充电过程的终止。为了避免电解液水解,一般银锌电池的充电终止电压为2.0～2.1 V。银锌电池一般采用0.1C的电流进行充电。

由图1-11可知,银锌电池在低电压阶段放电时电池电压非常稳定。当放电即将完成时,银锌电池的电压急剧下降,可以据此控制放电过程的终止。银锌电池放电终止电压取决于放电电流密度、电解液温度等因素,一般当放电电压低于1.0 V时应该切断负载,停止放电。

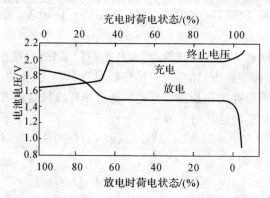

图1-11 银锌电池充、放电特性

银锌电池可以在额定容量的若干倍率下放电,并且高倍率放电时电压依然能够保持非常平稳,并且随着放电倍率的增大银锌电池放电的两个电压阶段之间的差别逐渐消失。银锌电池在不同倍率下放电的特性曲线如图1-12所示。

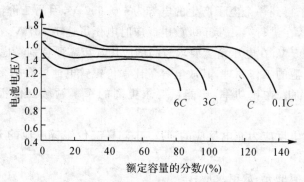

图1-12 银锌电池不同倍率放电特性对比

银锌电池的放电特性受温度影响较大,如图1-13所示为某银锌电池以2C速率放电时环境温度对放电特性曲线的影响。可以发现,随着温度降低电池的放电电压逐渐降低,放电容量逐渐减小;低温放电两个电压阶段之间的差别逐渐消失。

**2.银锌电池的寿命**

银锌一次电池在不充注电解液的情况下有很好的搁置性能,然而存在电解液时寿命较短。银锌电池采用多孔金属锌作为电极,其表面积非常大,在碱性溶液中自溶解现象显著。一般情况下,25℃的环境中多孔锌电极以每月10%的速度溶解,并且随着稳定度升高溶解速度增快。常温下银电极的自溶解非常弱,然而其溶解产物却显著影响电池隔膜的寿命。

银锌蓄电池是当前各种蓄电池中循环使用寿命最短的,主要原因是多次循环使用后锌负极容量逐渐衰减以及电池隔膜逐渐被损坏。

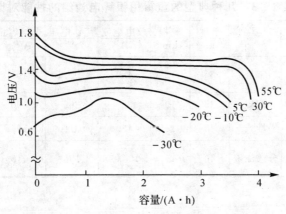

图 1 - 13　不同温度下银锌电池的放电特性

经过一定的循环次数之后,锌电极往往会发生变形,电极顶部和边缘活性物质逐渐减少甚至消失,电极底部增厚。锌电极发生变形导致电极表面积的减小和电流密度的增大,降低了电池容量,并容易在电池内部产生枝晶并且导致短路。大量实践表明,在锌负极活性物质中添加少量聚四氟乙烯对减缓电极容量下降的效果明显。

由于银锌电池采用紧装配结构,正、负极间距小,隔膜对电池性能影响显著。目前常使用再生纤维素膜作为银锌电池的隔膜,然而其容易在充、放电循环中被破坏。氧化银在碱性溶液中溶解度大,在充电过程中,易生成具有强氧化性的 $Ag(OH)_2^-$,再从正极向负极迁移过程中经过隔膜,导致再生纤维素膜因被氧化而解聚损坏,高温环境将加剧该现象。此外,氧化作用导致隔膜逐渐失去强度,随着枝晶的生长很容易穿透隔膜而造成破坏。因此,对于高放电率的银锌电池,氧化腐蚀是隔膜破坏的主要原因;而对于经常过充电的银锌电池,枝晶穿透是隔膜损坏的主要原因。近年研究表明,采用新型复合隔膜可以提高银锌电池的性能,延长其寿命。

3. 银锌电池作为鱼雷推进电源的性能

银锌电池凭借其优异的性能,曾经在鱼雷行业得以广泛应用,其中银锌储备电池用于战雷,银锌二次电池用于操雷。

战雷采用的银锌储备电池由 180 个容量约 100 A·h 的电池单体组成,一般在 220 V 电压下,工作电流可以达到 500 A,放电时间持续 12～15 min。银锌储备电池的电极和电解液在储存期间不直接接触,因而能较长时间保存。在存储过程中,电解液存放在金属容器中塑性皮囊里,当电池需要工作时,用高压氮气将电解液从容器中挤到电池中,在极短的时间内激活电池。这种电池的规格通常质量为 400～500 kg,尺寸为 152～183 cm,安装于标准的 533.4 cm 鱼雷壳体内。发射操雷时,以银锌二次电池代替储备电池。

银锌电池是很成熟的技术,在能量密度方面难以获得显著的改进。如果考虑鱼雷的整个能供部分,包括电池及其辅件、外壳和隔板,使用小型银锌电池的重型鱼雷的最佳比能为 70 W·h/kg。20 世纪 80 年代,法国推出 F17 - 2,采用扇形截面设计、双桶并列式液罐、提高储气压力等措施,缩短了电池组长度,提高了鱼雷性能,使雷速由 F17 - 1 的 35 kn 提高到 F17 - 2 的 40 kn,代表了电动力鱼雷的先进水平。

银锌电池成功应用于鱼雷的工程事例较多,几种典型的鱼雷用锌银电池组的性能对比见

表1-3。

### 表1-3 几种典型的鱼雷用银锌电池组的性能对比

| 鱼雷型号 | 电池型号 | 电池结构 | 航速 kn | 航程 km | 放电电流 A | 工作电压 V | 电池容量 A·h | 电池质量 kg | 比能 W·h·kg⁻¹ |
|---|---|---|---|---|---|---|---|---|---|
| 德国 SUT | 150PA-110 | 常规 | 35 | 12 | 480 | 210±10 | 104 | 402±6 | 55 |
| 法国 F17P | PB14 | 常规 | 35 | 19 | 350 | 265 | 100 | 389 | 68 |
| 法国 F17-2 | | 堆式 | 40 | 18 | 480 | 310 | 106 | 339 | 96 |
| 俄国 TЭCT-1MK | A-455 | 分散注液 | 40 | 15 | 1 100/600 | 195 | 110 | 665 | 70 |

#### 1.3.5 银锌电池的特点与用途

**1.银锌电池的特点**

银锌电池具有比能高、容量和能量输出效率高、高倍率放电性能优异以及内阻小等优点。

(1)比能和输出效率高。银锌电池理论比能高、活性物质利用率高、电解液消耗少、结构紧凑、电池体积小、质量轻,在某些对电池比能要求严格的特殊领域意义重大。相对于银锌二次电池,银锌储备电池不需要考虑充电和循环寿命的问题,更容易拥有更高的比能。此外,银锌电池的容量和能量输出效率也明显优于常见蓄电池。几种常见蓄电池比能以及容量和能量输出效率对比见表1-4。

(2)大电流放电性能优异。银锌电池大倍率放电性能优异,常温下,$1C$ 放电可以放出额定容量 90% 的电量,$3C$ 放电仍然可以放出额定容量 70% 的电量,并且放电过程中电压稳定性良好。因此,银锌电池适用于大倍率电流放电工况。

(3)内阻小。银锌电池的内阻小,工作电压平稳,平均放电电压可达 1.55 V,充电效率高达 90%~95%。

### 表1-4 常见蓄电池比能、容量及能量输出率对比

| 电池种类 / 性能 | 银锌电池 | 铅酸蓄电池 | 镍镉电池 | 铁镍电池 |
|---|---|---|---|---|
| 质量比能/(W·h·kg⁻¹) | 100~150 | 30~50 | 25~35 | 20~30 |
| 体积比能/(W·h·dm⁻³) | 200~280 | 90~120 | 40~60 | 60~70 |
| 容量输出效率/(%) | >95 | 80~90 | 75~85 | 55~65 |
| 能量输出效率/(%) | 80~85 | 65~75 | 55~65 | 50~60 |

除了上述优点之外,银锌电池也有明显的不足之处。银锌电池的寿命较短,低放电率搁置寿命为 2~3 年,高放电率搁置寿命为 3~18 个月,蓄电池循环使用寿命为 50~100 次;高低温性能差,环境温度高于 60℃ 时电池寿命大幅下降,环境温度低于 -20℃ 时只能输出额定容量的 50%;电池成本很高,往往只用在某些对性能要求苛刻,不过于计较成本的场合。

**2.银锌电池的用途**

银锌电池凭借其优异的性能,广泛应用于军事宇航领域,是目前各种宇航设备和武器装备

的主电源或应急电源。各种火箭、导弹均配备银锌储备电池;人造卫星采用银锌二次电池与太阳能设备配合使用;鱼雷的战雷采用银锌储备电池作为动力推进电源,操雷采用银锌二次电池作为动力推进电源;星际飞船和宇宙探测器采用银锌蓄电池作为主电源或应急电源;喷气式飞机采用高放电率的银锌电池作为启动和应急电源。锌银电池在舰船上已经成功地应用了50年,满足了舰船的一些特殊要求。锌银电池不但有突出的优点,而且近年来其寿命短的缺点有所克服,寿命明显提高。虽然燃料电池为代表的高能电池在部分场合取代了锌银电池,但有关专家认为:至少在今后的20年以内银锌电池仍将保持在舰船上的主要应用地位。

# 1.4 铝/氧化银电池

## 1.4.1 铝/氧化银电池概述

铝/氧化银电池是20世纪70年代中期由美国水下系统中心(NUSC)最先研究并证实的可用于鱼雷的高能堆式电池。这种电池和永磁电动机配合,可使鱼雷的速度达到50 kn以上。

早在20世纪60年代研究合金元素对铝阳极的影响时,发现含有 Hg,Ga,In,Tl 等元素的铝合金,其阳极电势可大幅度负移,并且阳极极化降低;加入 Zn,Sn,Pb,Bi 等高析氢过电位的元素,对铝合金阳极的析氢有抑制作用,可提高其电流效率及铝合金电极的利用率。大量实验表明:多元铝合金要比二元合金的电化学性能好得多。

法国 SAFT 公司从1977年开始研究铝/氧化银电池用于鱼雷动力推进。1985年,法国首次将铝/氧化银电池用于"海鳝"鱼雷的样雷 VX91 并进行了成功的海试。同一时期,意大利也将铝/氧化银电池应用于鱼雷,研制成功的 A290 是当时最先进的火箭助飞鱼雷。欧洲鱼雷公司以铝/氧化银电池为动力的 MU90 鱼雷,1994年首次试射成功,1995年批量生产,1996年通过了由水面舰、直升机和反潜侦察机携带的海上试验,1997年服役。

## 1.4.2 铝/氧化银电池的基本结构

1. 铝/氧化银电池系统构成

铝/氧化银电池本体结构与镁/氯化银海水电池类似,由氧化银正极和铝合金负极夹隔离物构成单体电池,再由单体紧密排列构成电堆。在放电期间需要循环流动的电液排除热量、氢气及反应产物。

如图 1-14 所示,在鱼雷发射后,海水从模式阀 3 进入,注满电液舱后,被泵用马达 5 带动的缩环泵 6 增压,经过温控阀 7 进入电堆 1,然后经气体分离器后回到循环泵构成循环。

2. 铝/氧化银电池辅助系统

鱼雷动力电池的辅助系统有四类:供水系统、内循环系统、注液激活系统、温度和浓度全方位控制系统。铝/氧化银电池的辅助系统、电液循环装置、气液分离装置和温度控制系统,在整个电池工作期间,将温度和电解质浓度、反应产物浓度都控制在预定的范围内。对于工作时间较长的铝/氧化银电池系统,除要注意排出反应产物和热量外,还要控制碱浓度和铝酸盐浓度。电池工作一段时间以后,开始排放电液,以便降低铝酸盐浓度,同时加入 50%NaOH 以补充电解质的不足。以美国研制的铝/氧化银电池辅助系统为例,如图 1-15 所示。

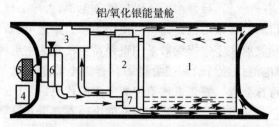

图 1-14　鱼雷用铝/氧化银电池结构
1—电堆；　2—气体分离器；　3—模式阀；　4—热电池；　5—泵用马达；　6—循环泵；　7—温控阀

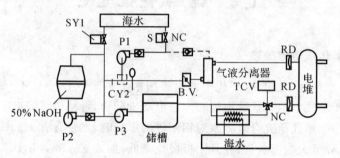

图 1-15　铝/氧化银电池辅助系统

　　铝/氧化银电池辅助系统对电液管理分为 3 个阶段：①闭路循环，即鱼雷入水后，海水经阀 SY1 进入系统，泵 P3 将海水泵入储槽，海水经温控阀 TCV，破膜 RD 进入电池，再破膜 RD 进入气液分离器回到泵 P3 入口构成闭路循环；②电液排放，即由泵 P1 从系统排出的电液，由阀 S 排出雷外，同时，新鲜海水从 SY1 阀进入；③补充排放，即在排放的同时，由泵 P2 和泵 P3 将高浓度的氢氧化钠溶液（典型浓度为 50％）泵入电液舱，使碱浓度维持在所需范围内。

　　对于铝/氧化银电池来说，电液的排放与补充系统至关重要，在安装具备排放功能的补充电液管理系统后，铝/氧化银电池质量比能得以大幅提升，从原来的 100 W·h/kg 提高到 200 W·h/kg。铝/氧化银电池在放电过程中，同时进行产生能量的成流反应和腐蚀铝阳极的寄生反应，两个反应都将消耗碱而生成铝酸盐。铝酸盐浓度的增大使电池本体工作条件恶化，辅助系统也难于发挥保证放电条件的功能。可以采用增大电液舱容积的办法稀释铝酸盐，然而该方法将使质量比能和体积比能大幅度降低。因此，只有用电液排放并引入新鲜海水补充电液才能保证电池本体正常运行。

　　鱼雷推进用铝/氧化银电池辅助系统对电解液的处理可以有两种模式：一次充满模式和补充排放模式。一次充满模式是在鱼雷入水系统激活后，海水进入电液舱将干态电解质溶解，给电池提供电解质溶液，在整个放电过程中电液处于闭路循环状态，既不排放电液，也不引入新鲜海水，一次充满模式就是不排放模式。补充排放模式是为了控制电解质浓度及铝酸盐浓度在电池本体允许范围内，电液处于开路循环状态，在放电过程中不断地补充新鲜电解液，不断地排放高铝酸盐浓度的电液。一次充满模式在放电过程中不排放电液，电池电压将逐步下降甚至电池难于工作，铝阳极库仑效率下降，整个系统的比能降低。因此，鱼雷动力推进用铝/氧化银电池系统，尤其是用于重型鱼雷的系统，必须要采用补充排放模式在工作中进行电液排放。

铝/氧化银电池系统的补充排放模式具有以下特点:

(1)电池在放电过程中根据需要,打开放电液排阀门向雷外排出电液,含铝酸盐和热量;

(2)在电液舱备有块状碱或高浓度碱溶液;

(3)在排液同时引入新鲜海水,海水溶解固态碱或与浓碱溶液混合作为新鲜电液;

(4)配备相应的传感器和控制机构,基于温度、压力或浓度自动排放电液。

### 1.4.3 铝/氧化银电池工作原理

铝/氧化银电池在推动鱼雷前进时,同时进行产生能量的成流反应和腐蚀铝阳极的寄生反应物。

铝/氧化银电池,正极反应:

$$AgO + H_2O + 2e^- \longrightarrow Ag + 2OH^-$$

铝/氧化银电池,负极反应:

$$Al + 4OH^- \longrightarrow AlO_2^- + 2H_2O + 3e^-$$

铝/氧化银电池总反应:

$$3AgO + 2Al + 2OH^- \longrightarrow 2AlO_2^- + 3Ag + H_2O$$

腐蚀阳极的寄生反应:

$$2Al + 2OH^- + 2H_2O \longrightarrow 21AlO_2^- + 3H_2 \uparrow$$

### 1.4.4 铝/氧化银电池的性能和特点

铝/氧化银电池作为新型高能电池,非常适用于大比功率工作场合,已经成功应用于鱼雷动力推进电源,并将电动力鱼雷的性能提高一个层次。铝/氧化银电池具有适合大电流放电、比能和比功率高、适应性强、安全性好、储存性能好、适用于大深度工作以及价格低廉等优点。

(1)铝/氧化银电池适合于大电流放电,比能和比功率高,有利于提高鱼雷的航速和航程。铝/氧化银电池的理论质量比能为 1 090 W·h/kg,是锌/氧化银电池的 2.4 倍。铝比锌有更强的电负性,同质量的铝产生的电能是锌的 2.5 倍。据为"海鳝"鱼雷供应动力电池的 SAFT 公司提供的数据,铝/氧化银电池系统实际比功率(质量比功率)可达 1 200 W/kg,体积比功率为 2 000 W·h/dm³,实际质量比能可达 160 W·h/kg,体积比能可达 250 W·h/dm³,实际工作电流密度可达 600~1 000 mA/cm²(锌/氧化银电池的 3~5 倍),单体电池电压可达 1.7~1.8 V,高于锌/氧化银电池(1.55 V)和海水电池(约 1.1 V)。工作电流密度高就意味着在满足鱼雷电流要求的同时可以不并联或少并联电池组,以避免或减少复杂电路带来的各种问题,进而提高可系统的靠性。单体电池电压高则可以减少串联电池的个数,并减少电池长度。因此,铝/氧化银电池独特的性能优势为提高鱼雷的航速和航程提供了有利条件。法国的"海鳝"鱼雷和意大利的 A290 鱼雷已分别达到 53 kn 和 57 kn 的高航速,可以与热动力鱼雷媲美。随着铝/氧化银电池技术的进一步发展,以此为动力推进能源的鱼雷航速有可能突破 60 kn。

(2)铝/氧化银电池鱼雷对不同发射场合有更强的适应性。铝/氧化银电池系统不携带液态电解质,对于机载鱼雷和火箭助飞鱼雷而言,相应地减轻了质量,同时有更好的耐低温性能,不存在电解液结冰的潜在隐患。

(3)铝/氧化银电池系统具有良好的安全性。1984 年在 31 届国际能源会议上,发表的鱼雷用铝/氧化银电池安全性的研究报告,认为铝/氧化银电池在性能、可靠性、安全、热控制等方面的优良性能为鱼雷的启动、变速和变深等方面的能力提供了最大的保证。铝/氧化银电池在储存期间不存在因电液泄漏而产生的安全问题,具有良好的储存性能。铝/氧化银电池系统自身具有温度控制装置,在工作期间,电液不断循环,通过鱼雷壳体与海水进行可控的热交换,整个放电过程安静平稳,温度被控制在安全范围内,不会产生热聚集和热失控的现象。对于需回收的试验鱼雷,放电结束后,电液会被海水取代,温度进一步降低,打捞过程不存在安全隐患。从"海鳝"到 MU90,铝/氧化银电池系统的安全性在系统论证、产品研发和作战环境中得到了良好的验证。

(4)铝/氧化银电池系统具有良好的储存性能。在系统被激活前,固体电解质与电池呈分离状态,正、负极呈分离状态,不存在隔离物因氧化失效的问题,也不存在活性物质与电液反应的问题,此外有氮气保护所有的部件储存条件良好。铝/氧化银电池系统储存时有很好的耐火性和抗冲击性,在装卸运输过程中甚至在飞机坠毁或鱼雷入水时能够保证不起爆。此外,该系统还具有良好的耐辐射性能,电磁波和电磁脉冲不会引起烟火反应。

(5)铝/氧化银电池系统具有良好的航行深度适应性。铝/氧化银电池系统激活后,动力电池段一直保持开放状态,电液舱与外界保持着压力平衡,电池段工作不受背压影响,电池放电性能也不受鱼雷航行深度的影响。使用铝/氧化银电池系统作为动力推进电源的鱼雷可以在不同深度充分发挥作战性能。此外,由于动力电池段与海水连通,降低了该段壳壁对耐压的要求,进而增强了系统的换热效果。

(6)铝/氧化银电池系统价格便宜。与锌/氧化银一次电池相比,输出同样的能量,铝/氧化银电池由于单体电池电压高,可节省约 30% 的费用。

# 1.5 锂 电 池

### 1.5.1 锂电池概述

1. 锂电池的发展历程

锂电池是一类以金属锂或含锂物质作为负极材料的化学电源的总称。锂电池的研制始于 20 世纪 60 年代,由于空间探索、武器研制以及民用电子产品对质量轻、性能好的电池的迫切需求,使得以金属锂作为负极的各种高比能电池相继出现并获得迅速发展和推广。

锂是自然界里最轻的金属元素,密度约及水的一半。金属锂具有最低的电负性,标准电极电位是 $-3.045$ V,选择适当的正极材料作正极,锂电池可以获得较高的电动势和比能。由于金属锂遇水会发生剧烈的反应,所以电解质溶液一般都选用非水电解液。早期锂电池的正极多选用 $CuF_2$ 等在电解液中很容易溶解的材料,另外早期电池的结构材料在电解液中也容易被腐蚀,因此没能形成真正的商品锂电池。20 世纪 70 年代,日本松下电器公司首次解决了上述缺陷,研制成功了 $Li-(CF_x)_n$ 电池,并获得了广泛的应用,曾被誉为 1971 年全日本的十大新产品之一。1976 年,日本三洋电器又推出了 $Li-MnO_2$ 电池,并在计算器等领域得到了广泛的应用。与此同时,1970 年美国建立了专门从事 $Li-SO_2$ 电池研究的动力转换有限公司,并于 1971 年后正式投产。该电池主要用于军事用途,当时被称为最有前途的一种锂电池。目前 $Li-SO_2$ 电池仍广泛应用在美国军方的各种便携式装备中。从 70 年代初研发的 $Li-(CF_x)_n$ 电池开始,锂电池逐渐摆脱预言和试验阶段,走向了实用化和商品化。

由于锂电池无可比拟的高电压、高比能等优势,世界各国竞相研发各种新型锂电池以满足日益增长的民用和军事需求。在松下公司 1971 年成功研制 Li-$(CF_x)_n$ 电池之后,不到 30 年的时间里相继出现了数十种锂电池,并且全部不同程度地实现了商业化。研制成功的锂电池有锂/碘电池(1972 年)、锂/铬酸银电池(1973 年)、锂/二氧化硫电池(1974 年)、锂/亚硫酰氯电池(1974 年)、锂/氧化铜电池(1975 年)、锂/二氧化锰电池(1976 年)、锂/二硫化钼电池(1989 年)、锂/离子蓄电池(1991 年)、锂/二氧化锰蓄电池(1994 年)以及聚合物锂电池(1999 年)等。锂离子蓄电池的推进使得锂电池工业的发展大为改观,鉴于其高比能、长寿命等优势,逐渐取代了传统的镍镉电池和金属氢化物电池在当时电子产品行业中的主要应用地位。

伴随着镍氢电池和镍镉电池市场的逐渐萎缩,锂电池已经成为 21 世纪电池行业的主体。除了笔记本电脑、平板电脑、手机等传统行业的蓬勃发展,近年来电动汽车、电动自行车等行业因受国家产业政策的支持发展较快,动力电池也成为锂电池的潜力领域之一,锂电池具有十分广阔的发展和应用前景。

**2. 锂电池的特点**

锂电池之所以能够获得迅猛的发展,与其优良的性能和独特的优势是分不开的。相对于传统电池,锂电池具有以下优点:

(1)电压高。相对于传统电池 1.5 V 的输出电压,锂电池的电压高出 1 倍以上,随着正极活性物质的不同,其电压最高可达 3.9 V。

(2)比能大。相对于传统的锌负极电池,锂电池的比能可高出 2~4 倍,甚至更多。

(3)比功率大。有些锂电池支持大电流放电,如 Li/$SOCl_2$ 电池可以短时间大电流放电。

(4)工作温度宽泛。大部分锂电池能够在 -40℃~70℃ 温度范围内正常工作,有些工作温度甚至更宽泛,由于常用非水电解液,其冰点低,因此锂电池低温性能好。

(5)平稳的放电电压。锂电池拥有平稳度放电特性曲线。

(6)储存寿命长。锂电极在非水电解液中表形钝化,阻止了电极的溶解,自放电率低,室温储存寿命可达 10 年以上。

**3. 锂电池的分类**

迄今为止,处于商品化和研发阶段的锂电池有 20 多种,按照电解质分类,锂电池可分为锂有机电解质电池、锂无机电解质电池、锂固体电解质电池和锂熔盐电解质四类,其中前三类又称为常温锂电池,最后一类称为高温锂电池。

(1)锂有机电解质电池。该类锂电池采用有机溶剂和锂盐组成的电解质,典型的有机电解质有含有高氯酸锂($LiClO_4$)的碳酸丙烯酯(PC)溶液等。

(2)锂无机电解质电池。该类锂电池使用非水无机溶剂和锂盐组成的电解质,典型的无机溶剂有含有四氯铝酸锂($LiAlCl_4$)的亚硫酰氯($SOCl_2$)溶液等。

(3)锂固体电解质电池。该类锂电池使用能传导 $Li^+$ 的固态物质作为电解质,典型的固态电解质有碘化锂(LiI)等。

(4)锂熔盐电解质。该类锂电池使用熔盐作为电解质,典型的熔盐电解质有氯化锂(LiCl)和氯化钾(KCl)的低温共熔体等。

按照锂电池的工作方式又可以分为锂一次电池、锂二次电池、锂激活式电池和锂热电池四类,当前摄像机、数码相机、手机、笔记本电脑等大耗电量的电子产品中主要使用锂二次电池。

(1)锂一次电池。该类锂电池又称锂原电池,仅将化学能转化成电能,可以做成各种形状,随时处于供电状态,不能重复利用。

(2)锂二次电池。该类锂电池又称为锂蓄电池,可以反复充电,既降低了使用成本,又避免了大量废旧电池造成的环境污染。

(3)锂激活式电池。该类锂电池闲置时电解液储存于电解池内,极组为干态可长期储存,用激活装置充注电解液,电池即可使用。

(4)锂热电池。该类锂电池使用时启动点火装置,加热片燃烧致使电解质熔化,电池进入工作状态。

锂电池种类众多,前文仅针对当前使用最为广泛的锂离子电池和有潜力作为鱼雷动力推进电源的锂/亚硫酰氯电池进行了介绍。

### 1.5.2 锂离子电池的结构和原理

#### 1. 锂离子电池的结构

锂离子电池,即锂二次电池、锂蓄电池,于 1990 年由日本索尼公司研发成功,它的出现是二次电池发展史上的一次飞跃。在随后 20 余年中,锂离子电池的商业化取得了突飞猛进的发展,当前已经在电池行业中占有主体地位。

锂离子电池主要由正极、负极、电解质、隔膜以及辅助结构构成,其中锂离子的正极一般采用 $LiCoO_2$,$LiNiO_2$,$LiMn_2O_4$ 等材料制成,负极一般采用石墨、焦炭等材料制成,电解质一般采用有机溶剂电解质、聚合物电解质等,隔膜主要采用聚烯烃微孔膜制成。采用不同正极材料的锂离子电池性能对比见表 1-5,锂离子电池的典型结构如图 1-16 所示。

**表 1-5 使用不同正极材料的锂离子电池性能对比**

| 正极材料 | 理论比容量 $A \cdot h \cdot kg^{-1}$ | 实际比容量 $A \cdot h \cdot kg^{-1}$ | 放电电压 $V$ | 特点 |
|---|---|---|---|---|
| $LiCoO_2$ | 274 | 140 | 3.7 | 性能稳定、比容量高、放电电压稳定 |
| $LiNiO_2$ | 274 | 170 | 4 | 比容量高、价格低、热稳定性差 |
| $LiMn_2O_4$ | 148 | 120 | 4.2 | 成本低、高温性能差、储存性能差 |

#### 2. 锂离子电池的工作原理

以正极材料为 $LiCoO_2$、负极材料为石墨的锂离子电池为例,其电化学表达式为

$$(-)C_6 | LiPF_6 - EC + DEC | LiCoO_2(+)$$

其中,EC 为碳酸乙烯酯;DEC 为二乙基碳酸酯。

该锂离子电池的正极反应为

$$LiCoO_2 \underset{充电}{\overset{放电}{\rightleftharpoons}} Li_{1-x}CoO_2 + xLi^+ + xe^-$$

该锂离子电池的负极极反应为

$$6C + xLi^+ + xe^- \underset{充电}{\overset{放电}{\rightleftharpoons}} Li_xC_6$$

该锂离子电池的总反应为

$$LiCoO_2 + 6C \underset{充电}{\overset{放电}{\rightleftharpoons}} Li_{1-x}CoO_2 + Li_xC_6$$

相对于其他二次电池,锂离子电池的工作原理比较简单,在充、放电过程中,锂离子在负极以及电解质隔膜中定向运动,锂离子电池的充、放电反应原理如图 1-17 所示。

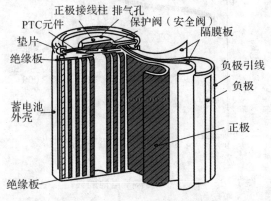

图 1-16　锂离子电池的典型结构

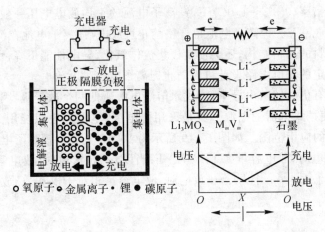

图 1-17　锂离子电池工作原理示意图

在正常充、放电情况下,锂离子在层状结构的碳素材料和氧化物层状结构的层间嵌入和脱出,一般只引起层面间距的变化,不会破坏晶体结构。锂离子在正、负极中有相对稳定的空间和位置,充、放电过程正、负极材料的化学结构基本不变。因此,锂离子电池的充、放电反应是一种理想的可逆反应。

### 1.5.3　锂离子电池的性能和特点

1. 充电特性

锂离子电池一般采用恒流-恒压充电方式,即充电器先对锂离子电池进行恒流充电,当电池电压达到设定值(如 4.2 V)时转入恒压充电,恒压充电时充电电流渐渐自动下降,最终当该电流达到某一预定的很小值(如 0.05C)时可以停止充电。锂离子电池严格禁止过充电,深度过充会导致电解液分解、蓄电池发热以及电池壳体承压变形甚至爆裂,可通过特定的充电电路设计防止锂离子电池过度充电。10A·h 方形锂离子电池的典型充电曲线如图 1-18 所示。

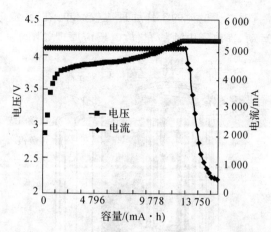

图 1-18  10 A·h 锂离子电池的典型充电曲线

**2. 放电特性**

在正常的放电倍率(0.1C～1.0C)下,锂离子电池的平均放电电压一般为 3.4～3.8 V,放电终止电压一般为 3.0 V。锂离子电池也严格禁止过放电,锂离子电池在深度过放电时,不但会改变电池正极材料的晶格结构,还会使负极集流体氧化,导电性能下降,性能衰减,甚至造成电池失效。通过特定的充电电路设计可以防止锂离子电池过度放电。

锂离子电池用有机电解液电导率低,比水溶液电解质低两个数量级,因而锂离子电池放电倍率低,只适合作便携式电器的电源。就是采用薄电极,室温下也只能用 2C 连续放电,因而限制了锂离子电池的应用范围。如图 1-19 所示为 10 A·h 方形锂离子电池的倍率放电性能曲线,当以 0.2C 放电时,放电容量为 12.4 A·h;当以 0.5C 放电时,放电容量相对于以 0.2C 放电时的容量减少了 1.4%;当以 1.0C 放电时,放电容量相对于以 0.2C 放电时的容量减少了 2.6%。

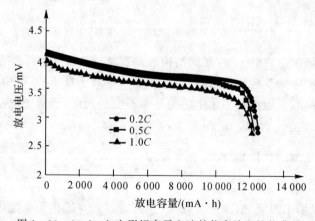

图 1-19  10 A·h 方形锂离子电池的倍率放电性能曲线

**3. 锂离子电池的高、低温特性**

由于锂离子电池采用的是多元有机电解液体系,锂离子电池低温性能较差,一般在不低于 −20℃ 的环境下使用。如有效地提高锂离子电池的低温性能,扩大锂离子电池的使用温度范围,可以大大地增加锂离子电池的使用范围。另外,对于一些特殊应用场合(比如严寒地区)下的储能电源,也都要求锂离子电池具有优良的低温性能。电池的温度特性除了和电池的结构设计及制备工艺等有关之外,另一关键因素就是电池的电解液。一般商业化锂离子电池电解液体系中 EC(乙烯碳酸酯)的含量为 $30\%\sim50\%$,但是 EC 凝固点($36.4℃$)较高,因此在低温环境下电解液的介电常数增大,黏度增加,离子迁移数下降,导致电导率降低,严重时甚至会发生电解液凝固现象,从而影响电池在低温环境下的工作性能。已有研究表明,改善电解液低温特性最有效的方法之一是加入低熔点的低温共溶剂。

相对于铜镍电池、氢镍电池等二次电池,锂离子电池的高温性能较好,一般可以在气温低于 $50℃$ 的环境下正常使用,但是在较高的温度下长期使用锂离子电池,会对锂离子电池中 SEI 膜有较大的破坏作用,导致锂离子电池的容量降低,寿命减少。

**4. 锂离子电池的特点**

锂离子电池作为新型电池,凭借其独特的优势,在最近 20 多年来得到蓬勃发展和广泛应用,并在电池行业中占有主导位置。锂离子电池的主要特点有以下几点:

(1)比能高,质量比能和体积比能分别可以达到 $120\ W\cdot h/kg$ 和 $300\ W\cdot h/dm^3$;

(2)平均放电电压高,平均放电电压一般大于 $3.6\ V$,是铜镍电池和氢镍电池的 3 倍;

(3)自放电率低,正常存放情况下的月自放电率小于 $10\%$,并且无记忆效应;

(4)充许大电流充电,充、放电效率高,循环寿命长;

(5)工作温度范围宽,一般可以达到 $-20\sim45℃$,对环境友好;

(6)与其他二次电池相比,锂离子电池在比能、循环性能以及电荷保持能力等方面有明显的优势。

**5. 锂离子电池的使用和维护**

锂离子电池的使用和维护的重点是了解锂离子电池的充电、放电、自放电、热特性、安全性以及储存等特性,并根据锂离子电池的性能有效地使用和维护锂离子电池。

锂离子电池的使用和维护只涉及充、放电的截止电压、充电电流、充电温度和储存环境等。考虑锂离子电池的原理和特性,其单体充电截止电压应为 $4.1\sim4.2\ V$,放电截止电压应为 $2.5\sim2.75\ V$,对于串联电池组充、放电压应该乘以串联单体数;锂离子电池的一般充电率为 $0.25C\sim1C$,推荐充电电流为 $0.5C$;锂离子电池应该在 $0\sim45℃$ 的环境中进行充电,充电时一定要避开 $60℃$ 以上的高温环境和 $-20℃$ 以下的低温环境;锂离子电池应该储存于温度在 $-5\sim35℃$,湿度不大于 $75\%$ 的环境中,如果长期储存电池应保持 $30\%\sim50\%$ 的电量,且每 6 个月充电一次。正确合理地使用和维护锂离子电池,可以有效延长锂离子电池的使用寿命,防止安全性事故的发生。

### 1.5.4 锂/亚硫酰氯($Li-SOCl_2$)电池

**1. 锂/亚硫酰氯电池的发展**

法国 SAFT 公司自 20 世纪 60 年代就开展了锂电池的相关研究工作,1970 年该公司 Gabano 博士获得 $Li-SOCl_2$ 电池的专利权,1973 年美国和以色列相继生产了 $Li-SOCl_2$ 电池。以色列的塔迪朗工业有限公司与特拉维夫大学合作,在 1975 年建设了 $Li-SOCl_2$ 电池工厂,1977 年经过优化设计建成大规模生产设备,1978 年开始在全世界销售 $Li-SOCl_2$ 电池。$Li-SOCl_2$ 电池是目前世界上实际应用的电池系列中比能最高的一种电池,美国、法国、以色列等国家均已有正式产品。$Li-SOCl_2$ 电池是国际电池界研究的热点之一。

目前锂/亚硫酰氯电池品种相当多,主要有圆柱形、方形和扁圆形等。从放电电流看,有低速率电池和高速率电池两类,前者的设计着重电池的安全性、内阻大、输出电流小;而后者有较大的电流输出,电池设有放气阀。从电极的结构来看,有碳包式结构和卷式电极结构,前者正极做成圆柱形,负极包在外部,反应面积较小,即使发生短路,也不会出现热失控现象,放电电流小,比能高;后者正、负极均为带状,反应面积比包式电池大得多,电流输出可以很大。另外,还有一种方形锂/亚硫酰氯电池,容量很大,能以中、低速率放电,有过流保护、安全排气阀和散热设计等以保证安全运行。

2. 锂/亚硫酰氯电池的结构和原理

锂/亚硫酰氯电池是一种典型的非水无机电解质电池,负极为金属锂,正极为多孔炭电极,其活性物质为亚硫酰氯。放电时,负极锂原子被氧化失去电子,生成锂离子进入电解液,电子由外电路转移到正极碳上,与碳密切接触的亚硫酰氯分子获得电子而还原,生成氯化锂、二氧化硫和硫。电池反应为

$$4Li+2SOCl_2 \longrightarrow 4LiCl+SO_2+S$$

由于生成了不溶解的固体产物氯化锂和硫,在放电后期,碳的表面和内孔逐渐被这种绝缘性产物覆盖堵塞,导致正极钝化,电池寿命终止。

锂/亚硫酰氯电池的负极是在充氩气的手套箱中将锂箔压制在拉伸的镍网上制成的,正极是由碳、石墨粉和聚四氟乙烯乳状液混合,然后滚压到拉伸的镍网上,并在真空恒温炉中干燥制成的。正极活性物质亚硫酰氯加入锂后在氩气中回流,然后进行蒸馏提纯以除去杂质和水。电解质是 $LiAlCl_4$,它是由氯化锂加入到等化学计量的氯化铝中,或直接由其熔融盐制成。激活式 $Li/SOCl_2$ 电池常用无水 $AlCl_3$ 作为电解质。

3. 锂亚硫酰氯电池的特点

锂/亚硫酰氯电池是当前世界上最为先进的一次电池之一,仅有为数不多的几个发达国家掌握了该项电池技术,该电池具有如下特点:

(1)锂/亚硫酰氯电池的放电电压高且放电曲线平稳,开路电压为 3.65 V,是锂一次电池中最高的一种,在常温条件下以中等电流密度放电时,具有极其平坦的 3.4 V 放电曲线;

(2)锂/亚硫酰氯电池的比能高,是当前化学电源中质量比能量最高的一种,可达500 W·h/kg;

(3)锂/亚硫酰氯电池的工作温度范围宽,可在 $-50\sim+85℃$ 工作,但低温时容量下降较大,$-40℃$ 的容量仅为常温容量的 50% 左右;

(4)锂/亚硫酰氯电池的电池无内压,电压精度高,自放电率低,储存寿命可长达 $10\sim15$ 年;

(5)锂/亚硫酰氯电池的电池成本低廉,作为鱼雷动力电源,其锂/亚硫酰氯电池的成本仅为银锌电池的 1/5 左右,且不消耗贵金属银。

锂/亚硫酰氯电池也存在两个突出的问题,即电压滞后和安全问题,成为制约锂/亚硫酰氯电池大规模商品化和应用于鱼雷的主要瓶颈,也是当前锂/亚硫酰氯电池技术重点研究领域。

电压滞后是由于在锂电极表面形成了保护膜,虽然能防止电池自放电,但会导致电压滞后,且放电率大时电压滞后更为明显。当锂与溶剂接触时发生反应,在锂电极表面 LiCl 以互相连接的晶体形式沉淀,形成一层保护膜,主要成分是 LiCl 和 S,并且晶体随存储温度及时间

的增加而增大,导致膜的厚度增加。锂/亚硫酰氯电池存储时间越长,存储温度越高,电池的电压滞后也就越明显。降低电解质 $LiAlCl_4$ 的浓度或改用新的电解质(如 $Li_2B_{10}Cl_{10}$),可以防止或降低电压滞后现象发生。

锂/亚硫酰氯电池的放电产物是 $LiCl$,$SO_2$ 和 $S$,其中 $SO_2$ 和 $S$ 主要溶解在电解液中,当电池温度过高时,引发 $Li$ 和 $S$ 的放热反应:

$$2Li + S \longrightarrow Li_2S + 热量$$

$Li_2S$ 在 145℃ 高温下与 $SOCl_2$ 剧烈放热反应,这两个反应相互促进发生电池爆炸。此外,还有金属锂的欠电压沉积问题,即电压不足就发生锂的还原电沉积,形成 $LiC$ 嵌入物,这种嵌入物有可能与 $SOCl_2$ 或放电产物 $S$ 发生剧烈的放热反应,导致热失控引起爆炸。锂/亚硫酰氯电池的安全问题至今尚没有有效的解决措施。为防止电池爆炸,只能针对不同情况采取相应措施。解决锂/亚硫酰氯电池安全问题采取的主要措施:

(1)采用低压排气阀解决短路情况下的安全问题;

(2)采用改进电池设计和采用新的电解质盐,解决反极情况下的安全问题;

(3)采取全密封来防止部分放电的电池在储存或暴露于环境中时发生的安全问题。

**4.鱼雷用锂/亚硫酰氯电池**

20 世纪 80 年代,法国的 SAFT 公司开始研究高效的锂/亚硫酰氯电池作为鱼雷动力推进电源,此项研究先后受到法国政府的研究机构和海军部门的资助。

经过 6 年电化学基础研究,分别针对轻型鱼雷(直径 324.8 cm,即 12 in)和重型鱼雷(直径 533.4 mm,即 21 in)上设计电池样机并成功开展试验。试验表明,两种电池组的输出额定功率分别是 5 kW(150 V,35 A)和 13 kW(150 V,85 A),工作时间持续 15 min。

SAFT 公司通过多年的技术积累研制了重型鱼雷锂/亚硫酰氯电池样机,如图 1 - 20 所示。这种电池设计的功率峰值为 600 kW,总能量为 120 kW·h,电池段分为容器、辅助件和电池组 3 个子段。

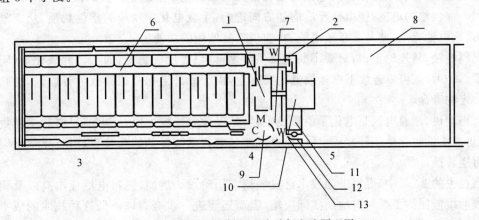

图 1 - 20　重型鱼雷锂/亚硫酰氯电池原理图

1—电解液泵;　2—火焰激活器;　3—电池架段;　4—辅件段;　5—电解液储存段;　6—热电解液;　7—混合电解液;　8—凉电解液;　9—恒温阀;　10—泵电动机;　11—燃气压力容器;　12—安全阀;　13—火焰装置

# 1.6 燃料电池

### 1.6.1 燃料电池概述

燃料电池是一种将化学能直接转化成电能的装置。相对于传统能源系统,燃料电池在反应过程中不涉及燃烧和换热,其能量转换效率不受卡诺循环的影响,具有高效、清洁等优点,被认为是 21 世纪首选的洁净高效发电技术,燃料电池直接发电与传统间接发电的比较如图 1-21 所示。燃料电池的应用广泛,涉及航天、运输、动力、军事和民用电子产品等。燃料电池作为一种新型的化学能源,将成为继火电、水电和核电之后的第四种发电方式,受到各国政府的高度重视和大力支持。

燃料电池最佳的燃料是氢,随着化石燃料的逐渐减少,人类赖以生存的能源将是核能和太阳能。利用核能和太阳能发电,以电解水的方式制取氢。以氢的形式储备能源,利用燃料电池技术将之转化成各种场合所需的电能,如汽车动力等。燃料电池技术是人类进入氢能时代的重要里程碑。

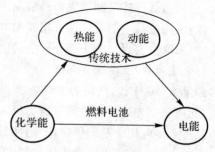

图 1-21 燃料电池直接发电与传统间接发电的比较图

燃料电池(Fuel cell)与普通电池(Battery)都是将化学能转变为电能的装置,虽然有许多相似之处,但是燃料电池是能量转换装置,电池是能量储存装置。原电池(一次电池),化学能被储存在活性物质中,通过活性物质发生化学反应,电池才能放电。因此,电池存储的电能与内部活性物质的化学能总量有关。蓄电池(二次电池),是利用外部供给的电能,使电池反应向逆方向进行,生成电化学反应的活性物质,从能量角度看,通过给电池充电,使其具备放电能力,实现反复使用的功能。

燃料电池,从理论上讲,只要不断向其供给燃料(阳极反应物质,如 $H_2$)和氧化剂(阴极反应物质,如 $O_2$)就可以连续不断地放电。实际上,由于元件老化和线路故障等原因,燃料电池也有一定的寿命。

严格地讲,燃料电池是电化学能量发生器,是以化学反应发电;原电池是电化学能量生产装置,可一次性将化学能转变成电能;充电电池是电化学能量的储存装置,可将化学反应能与电能可逆转换。

在过去的 20 年中,燃料电池技术已发展到实用阶段。然而,燃料电池成本高以及相关技术发展的缓慢制约了燃料电池的实际应用,因而还需进一步努力以降低这种技术的成本。未来的燃料电池技术首先在于研究和开发燃料电池关键材料及在燃料电池应用基础研究方面取得突破,降低其成本,提高其可靠性。其次,燃料电池相关技术的发展也是促进燃料电池配套产业蓬勃发展的关键,例如氢能的规模制备、规模储运等技术的突破。同时,对燃料电池系统而言,氢、氧储存系统的小型化、可靠性及安全性和燃料、氢输送控制的改进技术,也是未来燃料电池发展需要同等重视的重要领域。

### 1.6.2 燃料电池基本结构形式

#### 1.燃料电池的结构

与一般电池一样,燃料电池也是由阴极、阳极和电解质构成的,典型的燃料电池构造如图 1-22 所示。燃料电池的阳极(负极)上连续吹充气态燃料(如氢气),阴极(正极)上则连续吹充氧气(或空气),可以在电极上连续发生电化学反应,并产生电流。由于电极上发生的反应大多为多相界面反应,采用多孔材料制成电极可以提高反应速率。

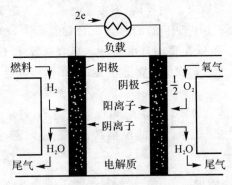

图 1-22 燃料电池的构造示意图

#### 2.燃料电池的类型及特点

燃料电池的分类方法有很多种,根据电解质的性质将燃料电池划分为五大类:碱性燃料电池(AFC)、磷酸燃料电池(PEMFC)、熔融碳酸盐燃料电池(MCFC)、固体氧化物燃料电池(SOFC)和质子交换膜燃料电池(PAFC)。按照工作温度燃料电池又可分为三大类:低温燃料电池(AFC,PEMFC)、中温燃料电池(PAFC)和高温燃料电池(MCFC,SOFC)。

#### 表 1-6 主要燃料电池及其特性

| 项目 | 低温燃料电池 | | 中温燃料电池 | 高温燃料电池 | |
|---|---|---|---|---|---|
| 类型 | AFC | PEMFC | PAFC | MCFC | SOFC |
| 工作温度/℃ | 常温～90 | 常温～90 | 180～200 | 650～700 | 800～1 000 |
| 电解质 | 氢氧化钾溶液 | 质子可渗透膜 | 磷酸 | 锂和碳酸钾 | 固体陶瓷体 |
| 传导离子 | $H^+$ | $H^+$ | $H^+$ | $CO_3^{2-}$ | $CO_3^{2-}$ |
| 燃料 | 纯氢 | 氢、甲烷、天然气 | 氢、天然气 | 天然气、煤气、甲烷 | 天然气、煤气、甲烷 |
| 氧化剂 | 纯氧 | 大气中的氧气 | 大气中的氧气 | 大气中的氧气 | 大气中的氧气 |
| 系统效率 | 60%～90% | 43%～58% | 37%～42% | ＞50% | 50%～65% |
| 输出功率/kW | 0.1～100 | 0.1～100 | 50～200 | ＞1 000 | 50～1 000 |
| 应用 | 宇航、国防 | 汽车、潜艇、移动电话、笔记本、家用电器、热电联产电厂 | 热电联产电厂 | 循环热电厂、铁路用车 | 电厂 |

根据电解质性质划分的五大类燃料电池各自处在不同的发展阶段。AFC 是最成熟的燃料电池技术,其应用领域主要是在空间技术方面。PAFC 试验电厂的功率可达 $1.3 \sim 11$ MW,$50 \sim 250$ kW 的工作电站已进入商业化阶段,但成本较高。MCFC 和 SOFC 被认为最适合发电,其中 MCFC 试验电厂的功率可达 MW 级,$50 \sim 250$ kW 工作电站接近商业化。SOFC 的研究开发仍处于起步阶段,功率小于 100 kW。PEMFC 在 20 世纪 90 年代发展很快,特别是作为便携式电源和机动车电源,但成本太高,目前还无法与传统电源竞争。

质子交换膜燃料电池也称之为聚合物电解质膜燃料电池,这种燃料电池以固体电解质膜作为电解质。这种膜不是通常意义上的导体,不传导电子,但却是氢离子的优良导体。目前用的成膜材料是在类似聚四氟乙烯(Teflon)的氟碳聚合物骨架上,加上磺酸基团。磺酸分子固定在骨架上不能移动,但 $H^+$ 可以在膜内自由移动。聚合物膜中 $H^+$ 的量用当量(EW)表示,即含有 1 mol 磺酸的聚合物干重。膜的 EW 是固定的,在燃料电池运行中不变,通常低 EW 的膜性能较好。

PEMFC 主要有采用固体电解质,无腐蚀,电池制造简单,对压力变化不敏感,电池寿命长等优点。同时,PEMFC 的主要缺点是,膜的价格高,供应商少;膜中生成的水管理难度大;对 CO 敏感;催化剂成本高。

### 1.6.3　燃料电池电化学原理

以氢-氧燃料电池为例,介绍其电化学原理。

酸性电解质溶液中,负极反应为

$$H_2 + 2H_2O \longrightarrow 2H_3O^+ + 2e^-$$

酸性电解质溶液中,正极反应为

$$\frac{1}{2}O_2 + 2H_3O^+ + 2e^- \longrightarrow 3H_2O$$

碱性电解质溶液中,负极反应为

$$H_2 + 2OH^- \longrightarrow 2H_2O + 2e^-$$

碱性电解质溶液中,正极反应为

$$\frac{1}{2}O_2 + H_2O + 2e^- \longrightarrow 2OH^-$$

因此,无论采用酸性或碱性电解液,氢氧燃料电池的总反应可表示为

$$H_2 + \frac{1}{2}O_2 \longrightarrow H_2O$$

该反应实质上是氢的燃烧反应,其中氢作为燃料,而氧则作为氧化剂。因此,在燃料电池中,负极上进行的是燃料的氧化过程,而正极上进行的是氧化剂的还原过程。

### 1.6.4　燃料电池的性能特点

燃料电池之所以受世人瞩目,是因为它具有其他能量发生装置不可比拟的优越性,主要表现在高的效率、安全性、可靠性、清洁度,良好的操作性能、灵活性及未来发展潜力等方面。

1. 高效率

从理论上讲,燃料电池可将燃料能量的 90% 转化为可利用的电和热。磷酸燃料电池设计发电效率接近 46%,熔融碳酸盐燃料电池的发电效率可超过 60%,固体氧化物燃料电池的效

率更高,如此高效率是传统热机①难以企及的。燃料电池的效率与其规模无关,燃料电池可以以最高效率运行在任何工况,而热机仅在设计点可以达到最高效率。

燃料电池发电厂可设在用户附近,这样也可大大减少传输费用及传输损失。

燃料电池的另一特点是在其发电的同时可产生热水及蒸汽,其电热输出比约为 1.0,而汽轮机为 0.5,这表明在相同电负荷下,燃料电池的热负荷仅为燃烧发电动机的一半。

2. 可靠性

与涡轮机循环系统或内燃机相比,燃料电池的转动部件很少,因而系统更加安全可靠。燃料电池从未发生过像燃气涡轮机或内燃机因转动部件失灵而发生恶性事故的现象。燃料电池是各种能量转换装置中安全性最高的,唯一可能存在问题就是随着器件的老化,效率降低。

3. 良好的环境效益

当今世界的环境问题已到了威胁人类生存和发展的程度,这并非危言耸听。据统计,因环境污染造成的死亡人数超过了两次世界大战的死亡人数。而环境污染的发生,多数是由于燃料的使用,尤其大气污染物绝大多数来自于各种燃料的燃烧。因此,解决环境问题的关键是要从根本上解决能源结构问题,研究开发清洁能源技术。而燃料电池正是符合这一环境需求的高效洁净能源。

普通火力发电厂排放的废弃物有颗粒物(粉尘)、硫氧化物($SO_x$)、氮氧化物($NO_x$)、碳氢化合物(HC)以及废水、废渣等。燃料电池发电厂排放的气体污染物仅为最严格的环境标准的 1/10,温室气体 $CO_2$ 的排放量也远小于火力发电厂。燃料电池不仅消除或减少了水污染问题,也无须设置废气控制系统。燃料电池发电厂的工作环境非常安静,占地面积也少。

燃料电池的环境友好性是其具有极强生命力和长远发展潜力的重要保障。

4. 良好的操作性能

燃料电池具有其他技术无可比拟的优良动态操作性能,这也节省了运行成本。动态操作性能主要包括响应的快速性、发电参数的可调性以及线电压分布等。

燃料电池发电厂的电力控制系统可以分别独立地控制有效电力和无效电力,进而可以提高输送效率,并减少储备电源以及辅助设备的数量。

燃料电池有许多优点,人们对其将成为未来主要能源持肯定态度。但就目前来看,燃料电池仍有很多不足之处,使其尚不能进入大规模的商业化应用。这些问题和不足制约了燃料电池的推广与普及,是当前燃料电池技术领域的重点研究对象。

燃料电池的主要问题和不足之处有:市场价格昂贵,使其相对于传统能源的竞争力不足;高温时寿命及稳定性不理想,限制了燃料电池的性能;燃料电池技术不够普及,没有完善的燃料供应体系;氢能源的制造与储备问题尚未得到很好的解决。

### 1.6.5　燃料电池的应用

作为一种新型高效清洁能源,燃料电池在发电站、移动电站、微型电源和动力源等方面得到了广泛的应用。

1. 发电站

在电站发电方面,燃料电池可以作为固定型或分散型电站,既可以用于边远地区的小型发

---

① 注:指用化石燃料传统发动机。

电,也可配置给医院、旅馆、住宅区等作为电源。美国煤气技术研究所创立的熔融碳酸盐动力公司已具备年产 3MW MCFC 的能力,正在进行电极面积为 1 106 $m^2$ 的 250 kW 电厂试验。日本于 1999 年 4 月将 1 套 1 000 kW MCFC 发电站示范装置投入运行,在 1999 年 11 月达到设计发电功率 1 000 kW,发电效率为 46.1%。由于燃料电池具有能量转换率高、对环境污染小等特点,用作电站发电具有重要的经济效益和社会效益。

**2. 移动电站**

燃料电池具有模块结构、噪声低、维修方便等特点,是军事活动、野外作业、偏远地区等特殊场合理想的能源站。美国和加拿大开发了从几十瓦到千瓦级的 PEMFC 便携式移动电源系列产品。中国富原公司也已经开发出一系列功率范围为 500~1 000 W 的 PEMFC 野外移动电源。

**3. 微型电源**

微型燃料电池可用作手机、照相机、摄影机电池。美国研制的微型燃料电池以厚为 25 $\mu m$ 的塑料薄膜为其基本容器,已具备商业化生产的能力。

**4. 动力源**

燃料电池因体积小、比功率大、可以冷启动、设计制造容易、安全耐用等特点,用于为地面车辆、潜艇、宇航飞行器和娱乐设施等提供动力,具有独特的优势和发展潜力。

(1)地面车辆动力。随着汽车工业的发展,汽车排出的尾气对环境的污染越来越严重。为了保护环境,减少大气污染,各国政府均投入巨资发展以 PEMFC 为动力的电动车。PEMFC 的最大优点在于能在室温附近工作,启动速度快,能量转化效率高,适宜作为车辆的动力源。以 PEMFC 为动力的电动车性能可与内燃机汽车相媲美,当以纯氢为燃料时,它能达到真正的"零排放"。PEMFC 还有可能用作坦克动力源,电动动力源将使坦克在整个速度范围实现理想的牵引力,启动加速度快,无转向功率损失,效率高,可以进行最佳的能量分配,同时取消了变速箱、操纵转向机构等一系列传统的耗能部件,并大大简化了机械结构。

(2)潜艇动力。碱性燃料电池和质子交换膜燃料电池运行时基本上没有红外辐射,而且噪声小,用作潜艇动力可大大提高其军事隐蔽性。当携带相同质量或体积的燃料和氧化剂时,PEMFC 的续航力比斯特林发动机大 1 倍。加拿大海军在 20 世纪 90 年代初研制了一台质子交换膜氢燃料电池作动力的海洋探测器,德国建造了质子交换膜氢燃料电池作动力的潜艇。

(3)航空航天动力。碱性燃料电池和质子交换膜燃料电池可以在常温下启动工作,且能量密度高,是理想的航天器工作电源。美国从 20 世纪 60 年代开始就采用碱性燃料电池作为航天器的工作电源,20 世纪 70 年代以来改为采用质子交换膜燃料电池。

(4)鱼雷动力。要提高电动鱼雷的整体战术技术性能,就必须使用比能更高的电池。随着低温碱性燃料电池技术的发展,出现了质量轻、电流密度高的氢氧燃料电池,可以高速、长时放电,完全适合作为鱼雷动力推进电源。使用该种燃料电池的鱼雷兼顾热动力鱼雷和电动力鱼雷的优点,在提高鱼雷的航速、航程、航深及降低鱼雷的航行噪声方面将大有可为。

# 第2章  直流串激电动机

本章介绍直流串激电动机的基本运行原理以及应用于鱼雷推进系统中应注意的一些特殊问题,这些问题导致在鱼雷推进电动机的设计上与普通电动机存在较大的不同,有其自身的特点。

## 2.1  直流串激电动机基本原理

直流电动机运行时,电枢元件在磁场中运动产生切割电动势,同时由于元件中通有电流,导体会受到电磁力。

### 2.1.1  电枢电动势

电枢电动势是指直流电动机正、负电刷之间的感应电动势,也就是电枢绕组每个并联支路里的感应电动势。

电枢旋转时,就某一个元件来说,它某时刻在这个支路里,另一时刻又在另一个支路里,其感应电动势的大小和方向都在变化着。但是,各个支路里所含元件数量相等,各支路的电动势相等且方向不变。于是,可以先求出一根导体在一个极距范围内切割气隙磁密的平均电动势,再乘以一个支路里的总导体数,便是电枢电动势。

一个磁极极距范围内,平均磁密用 $B_{av}$ 表示,极距为 $\tau$,电枢的轴向有效长度为 $l_a$,每极磁通为 $\Phi$,则

$$B_{av} = \frac{\Phi}{\tau l_a} \tag{2-1}$$

一根导体的平均电动势为

$$e_{av} = B_{av} l_a v \tag{2-2}$$

式中,$e_{av}$ 为一根导体的平均电动势;$v$ 为导体运动的周向线速度,可以表达为

$$v = 2p\tau \frac{n}{60} \tag{2-3}$$

式中,$p$ 为磁极对数;$n$ 为电枢的转速,r/min。

结合式(2-1)~式(2-3),可得

$$e_{av} = 2p\Phi \frac{n}{60} \tag{2-4}$$

导体平均感应电动势 $e_{av}$ 的大小只与导体每秒所切割的总磁通量 $2p\Phi$ 有关,与气隙磁密的分布波形无关。

用 $N$ 表示电枢绕组的全部导体数,用 $a$ 表示电枢绕组的并联支路对数(单叠绕组 $a = p$,而单波绕组 $a = 1$),因此一个支路里的总导体数等于 $N/(2a)$。于是,当电刷放在几何中线上时,电枢电动势即为

$$E = \frac{N}{2a}e_{av} = C_E \Phi n \tag{2-5}$$

式中，$E$ 为电枢电动势；$C_E$ 为电动势常数，可表达为

$$C_E = \frac{pN}{60a} \tag{2-6}$$

从式（2-5）可以看出，已经制造好的电动机，其电枢电动势正比于每极磁通 $\Phi$ 和转速 $n$。

### 2.1.2 电磁转矩

根据载流导体在磁场里的受力原理，一根导体所受的平均电磁力为

$$f_{av} = B_{av} l_a i \tag{2-7}$$

式中，$f_{av}$ 为一根导体所受的平均电磁力；$i$ 为导体里流过的电流，可表达为

$$i = \frac{I}{2a} \tag{2-8}$$

式中，$I$ 为电枢总电流；$a$ 为支路对数。

一根导体所受的平均电磁力乘以电枢半径可得到转矩，即

$$M_1 = f_{av} \frac{D_a}{2} \tag{2-9}$$

式中，$M_i$ 为一根导体产生的转矩；$D_a$ 为电枢的直径，可表达为

$$D_a = \frac{2p\tau}{\pi} \tag{2-10}$$

结合式（2-7）～ 式（2-10），得到总电磁转矩为

$$M = C_M \Phi I \tag{2-11}$$

式中，$M$ 为总电磁转矩；$C_M$ 为转矩常数，可表达为

$$C_M = \frac{pN}{2a\pi} \tag{2-12}$$

由电磁转矩表达式（2-11）可以看出，直流电动机制成后，它的电磁转矩的大小正比于每极磁通和电枢电流之积。

观察式（2-6）和式（2-12），可得到以下关系：

$$C_M = \frac{60}{2\pi} C_E \tag{2-13}$$

### 2.1.3 机械特性

直流串激电动机的串激绕组中流过电枢电流，因此主极磁通是随电枢电流而变的，其间的关系为 $\Phi = f(I_a)$。这是与直流他激电动机的主要区别。而其电压平衡关系为

$$U = E + I(R_a + R_c) \tag{2-14}$$

式中，$U$ 为供电电压；$R_a$ 为电枢绕组的电阻；$R_c$ 为串激绕组的电阻。

随着电枢电流的增加，主极磁通也在增加，观察式（2-11），可以发现较主极磁通基本不变的他激电动机串激电机的电磁转矩有较大的增加。而观察式（2-5），当转速增加时，反电势暂时增加，但是电枢电流随反电势增加而下降，于是主极磁通减小，反电势也随之又减小一些。可见，在串激电动机中，反电势并不与转速成比例，而只是随转速的增加有较小的增加。

从基本关系式（2-5）、式（2-11）以及式（2-14）可以求出直流串激电动机的机械特性表达

式：

$$n = \frac{U}{C_E\Phi} - \frac{R_a + R_c}{C_E C_M \Phi^2} M \tag{2-15}$$

式（2-15）中主极磁通是电枢电流的函数，它们的关系就是电动机磁路的磁化曲线，因为磁化曲线不便于用准确的公式表示，所以只能给出以曲线来描述的关系。因此，以上机械特性方程式（2-15）也是一个非线性关系，不能用解析的方法表示，而是用制造厂产品样本给出的通用特性曲线 $n = f_n(I)$ 和 $M = f_M(I)$，图解地给出准确的机械特性曲线。

为了定性地分析机械特性的特点，可以近似地认为磁化曲线由两条直线构成。在电枢电流较小的情形下，可近似地认为主极磁通与电枢电流成正比，即

$$\Phi = KI \tag{2-16}$$

而当电枢电流较大时，认为磁路已经充分饱和，近似地认为磁通恒定不变：

$$\Phi = \mathrm{const} \tag{2-17}$$

于是，当负载较小时，电枢电流较小，结合式（2-11）、式（2-16）以及式（2-15），得到

$$n = \frac{U}{C_E}\sqrt{\frac{C_M}{KM}} - \frac{R_a + R_c}{C_E K} \tag{2-18}$$

而当负载较大时，电枢电流较大，结合式（2-17）以及式（2-15）得到形式上与式（2-15）相同的机械特性表达式。

应当指出，式（2-15）和式（2-18）描述的机械特性只能对直流串激电动机进行定性的分析。

从机械特性曲线可知，直流串激电动机的负载转速降落 $\Delta n$ 很大，其主要原因有 3 个方面：① 边界转速 $U/(C_E\Phi)$ 随负载增大而下降，因为负载增大，电流增加，主极磁通也增加，于是边界转速下降；② 电枢电路电阻压降 $I(R_a + R_c)$ 随负载增加而加大，它可以降低加在电枢上的电压，因而增加了转速降落；③ 因为负载增大，使主极磁通增大，当对应某一负载电流时，由于磁通增大，必须降低转速才可以维持反电势和外加电压的平衡。由此可见，直流串激电动机的机械特性随负载增加而有较大的转速降落，特性曲线呈软特性。

当鱼雷运行于低速工况时，需要降低电源电压。由于电源电压降低，所以在相同的电磁转矩下，其边界转速降低，对应的反电势和转速较小，因而相应的人为机械特性由自然机械特性平行下移。

## 2.2　直流串激电动机设计的基本关系

推进电动机的设计任务主要是依据鱼雷对它的要求，选用合适的材料，决定电动机各部件的尺寸及其在鱼雷上的安装，计算其性能，从而达到体积小、质量轻、性能好等要求。

电动机中各种零部件的尺寸很多，但在进行电动机设计时，一般从决定主要尺寸开始。直流电动机的主要尺寸是指电枢外径 $D_a$ 和电枢有效长度 $l_a$，之所以把这两个尺寸作为主要尺寸，是因为保证鱼雷航速所需要的功率是关键数据。一方面，推进电动机的额定功率近似等于电磁功率，而电磁功率取决于电动机中电与磁的量值，即取决于电枢铁芯中的磁通量与电枢绕组中的电动势与电枢电流。而电枢绕组又是嵌在电枢铁芯外圆的槽内，因此电动机的额定功率与电枢的外径及其长度直接相关。另一方面，电枢尺寸一经确定之后，电动机的其他尺寸，

如磁极、机座、端盖、电枢绕组、轴、轴承、换向器等都可以随之确定。显然，电动机的质量、体积及其运行特性、可靠性等均与这两个参数直接相关。

电动机的主要尺寸是根据直流电动机计算的基本公式计算的，该公式确定了尺寸 $D_a$ 和 $l_a$ 与电动机功率、转速以及电路和磁路负载的关系。

电动机的电磁功率为

$$P_{em} = EI \qquad (2-19)$$

主极磁通可以描述为

$$\Phi = b_a l_a B_a = \alpha_a \tau l_a B_a \qquad (2-20)$$

式中，$B_a$ 为最大气隙磁密（亦称为磁负荷）；$b_a$ 为计算极弧宽度（$b_a$ 较极弧实际宽度稍大，约等于极弧实际宽度与 2 倍气隙长度之和）；$\alpha_a$ 为计算极弧系数，定义为

$$\alpha_a = \frac{b_a}{\tau} \qquad (2-21)$$

因此，电枢反电势可表述为

$$E = C_E \Phi n = \frac{Np}{60a}\Phi n = \frac{pn}{60}\frac{N}{a}\alpha_a \tau l_a B_a = \frac{pn}{60}\frac{N}{a}\frac{\pi D_a}{2p}\alpha_a l_a B_a = \frac{N\pi \alpha_a B_a n}{120a}D_a l_a \qquad (2-22)$$

引入电动机线负荷（或电负荷，单位电枢表面周向长度内包含的导体的电流）的定义：

$$A = \frac{\frac{l}{2a}N}{\pi D_a} \qquad (2-23)$$

由此得到

$$l = \frac{2a\pi D_a}{N}A \qquad (2-24)$$

将式（2-2）、式（2-24）代入式（2-19），得到

$$D_a^2 l_a = \frac{60}{\pi^2 \alpha_a B_a A}\frac{P_{em}}{n} \qquad (2-25)$$

或

$$\frac{D_a^2 l_a}{\frac{P_{em}}{n}} = C_A \qquad (2-26)$$

式中，$C_A$ 为电动机常数，定义为

$$C_A = \frac{60}{\pi^2 \alpha_a B_a A} \qquad (2-27)$$

式（2-27）是直流电动机计算的基本公式，它是决定电动机主要尺寸的基本依据。显然组合变量 $D_a^2 l_a$ 正比于电枢铁芯的圆柱体积，由于电动机的结构尺寸之间具有一定的比例关系，所以该变量也就基本上正比于整个电动机的体积，故该变量通常取为电枢的归算体积。

当电、磁负荷一定时，电动机的归算体积随电动机的电磁功率的增加而增加，随电动机的转速的增加而减少，即与电动机的电磁转矩成正比。同一输出功率的电动机，转速越高，电动机转矩愈小，电动机的体积愈小，这就是为了实现体积小、质量轻的要求，尽量提高电动机转速的原因所在。

对于同一功率和同一转速的电动机，电、磁负荷、计算极弧系数愈高，电动机的主要尺寸愈小，材料愈省。为了缩小鱼雷推进电动机的尺寸，应选择高的电、磁负荷。而要选用较高的电、

磁负荷,有赖于改善电动机的通风散热条件和使用优质的导磁材料与绝缘材料。

在电、磁负荷、极弧计算系数选定后,电动机常数得到了确定,它描述了电枢体积与电磁转矩的比值,表示了电动机体积的利用程度。电动机常数的倒数称为电动机的利用系数,也常用它来评价电动机的计算方案。

适当选择电、磁负荷、极弧计算系数,再根据经验确定电枢外径和电枢有效长度的比值,就可算出这两个主尺寸,其他尺寸就可相继确定。

## 2.3　鱼雷串激推进电动机额定参数的确定

### 2.3.1　电磁功率的确定与分析

在第 1 章里已经详细地分析并确定了鱼雷推进电动机的输出功率 $P_m$,对于鱼雷推进电动机,其电磁功率可按下式估算:

$$P_{em} = K_E \frac{P_m}{\eta_H} \tag{2-28}$$

式中,$K_E$ 为系数,可取 $0.91 \sim 0.97$;$\eta_H$ 为电动机的额定效率,一般选取 $85\%$ 左右。

由于鱼雷电动机采用高的电负荷,电枢热负荷可达一般直流电动机的 $2 \sim 3.5$ 倍,鱼雷推进电动机在铜耗比例上失去了保证最佳效率的正常比例,在一般电动机中电动机总损耗约是电枢电路铜耗的 $2 \sim 3$ 倍,而在鱼雷推进电动机中仅为 $1.6 \sim 2.2$ 倍,即铜耗的比例加大,于是鱼雷推进电动机的实际效率低于一般电动机效率 $4\% \sim 12\%$。

令 $b_s$ 表示电枢槽宽、$h_s$ 表示电枢槽高、$K_{sf}$ 表示槽填充系数、$j_a$ 表示绕组的电流密度,则 $j_a b_s h_s K_{sf}$ 的物理意义就是每槽内导体的总电流。令 $t_a$ 表示槽距,则电枢线负荷可按照另外一种表达式描述:

$$A = \frac{1}{t_a} j_a b_s h_s K_{sf} = j_a \varphi_1 \varphi_2 D_a K_{sf} \tag{2-29}$$

其中,尺寸比例系数定义为

$$\left. \begin{array}{l} \varphi_1 = \dfrac{b_s}{t_a} \\ \varphi_2 = \dfrac{h_s}{D_a} \end{array} \right\} \tag{2-30}$$

将式(2-29)、式(2-30)代入式(2-25),得到

$$\frac{P_{em}}{n} = \frac{\pi^2 \alpha_a \varphi_1 \varphi_2 K_{sf} B_a j_a}{60} D_a^2 l_a \tag{2-31}$$

假定电枢直径递增的一系列电动机,其各部件的几何比例都保持不变,即电动机几何形状是相似的,而它们的 $B_a$ 和 $j_a$ 可视为常数,则电动机的转矩正比于长度因次的四次方,而电动机的体积正比于长度因次的三次方。由此可见,转矩的增加比电动机体积或质量的增加要快,因此在条件完全相同的情况下,制造容量大的电动机比制造容量小的电动机有较好的经济效益。

### 2.3.2　鱼雷推进电动机转速的确定及分析

为了满足鱼雷对推进电动机体积、质量小的主要要求,总是尽可能选取高的转速,在确定

推进电动机转速时应考虑下面几点因素。

**1. 螺旋桨噪声**

该问题在第 1 章中已经得到详细的论述。目前各国应用的对转式螺旋桨转速一般在 2 000 r/min 以下,泵喷式推进器转速则高达 2 600 r/min。

**2. 传动比**

应用于鱼雷的减速器要求具有结构简单、体积小、质量轻、效率高、噪声小等性能,设计这样的减速器也是一件相当复杂的工作。一般采用单列 2K - H 型差动行星轮系。减速比的确定应根据效率、结构、噪声、装配及螺旋桨效率等方面综合考虑,但在鱼雷推进电动机设计中往往先确定螺旋桨转速和推进电动机转速,由此算出减速比,根据减速比确定减速器的结构参数。

现在应用于鱼雷推进系统中的减速器减速比一般为 4.93 ~ 8.43,减速器效率为 97% ~ 98%。

需要说明的是,减速器的齿形一般采用斜齿轮,斜齿轮突出的优点是可以减少噪声、传动平稳。据有关文献报道,斜齿轮比直齿轮在相同精度等级下噪声可降低 12 dB 之多。当螺旋角增大时,噪声随之下降,但当螺旋角大于 25° 时,噪声基本不再下降,同时过大的螺旋角使轴向力迅速增加,对于采用单斜齿轮传动是不利的,现在应用于鱼雷推进系统中减速器的螺旋角一般为 20° ~ 30°。

**3. 电动机本身的问题**

应考虑旋转部件的机械强度及电刷的平稳工作。电枢的机械强度及允许的圆周速度与电枢直径有关,一旦电枢直径确定,可根据允许的电枢圆周线速度求得电枢的允许转速。由于电枢绕组受到离心力的限制,线速度不能取得过大,一般按下列情况选取:当绕组采用槽楔固定时,可选 60~75 m/s,较小直径的电动机取较小的数值,在圆周速度很高的情况下,电动机铁芯一般固定在轴肋上;当绕组采用绑线固定时,可选 50 m/s,例如我国制造的几型应用于 533 口径的鱼雷推进电动机均用聚胺-酰亚胺玻璃丝无纬带绑扎,这几型鱼雷推进电动机由于是双转的,绝对圆周速度为 20~25 m/s,在这种情况下,电枢铁芯可直接固定在轴上。就现在的材料、结构及保证电刷平稳运行和允许的发热来说,双转电动机绝对转速不应超过 35 m/s。在双转系统中,由于电刷也是旋转的,所以转速愈高转动平衡要求也愈高,否则就会造成旋转体的跳动,影响电刷换向。

同时应考虑电动机的换向能力,直径小而铁芯长的电动机换向比较困难,故尽量采用短而粗的电动机结构,同时对于转速也有限制。

每类电动机都有其有利的转速,超过或低于这个有利转速对电动机的性能、结构等都是不利的。由于鱼雷电动机的设计特点是短寿命的,并且也不十分要求无火花运行,因而对这类电动机其旋转部分允许有较大的机械应力和轴承磨损,并允许较大的电抗电势,其转速大致为同容量一般直流电动机最有利转速的 5.4~8.5 倍。

对现役鱼雷推进电动机有利转速的确定原则是,双转系统直接驱动螺旋桨的双转电动机的转速就是螺旋桨的最有利转速;对单转电动机,它的转速主要取决于电动机本身允许的数值,电励磁电动机一般为 8 500~9 000 r/min。在这种情况下,电动机效率可达 85% 左右。

单转、双转电动机各有所长,仅从电动机本身的角度考虑,显然应当采用高速单转电动机,但是单转电动机系统的总质量应为电动机与齿轮箱质量之和。

在目前的技术水平下,把单转电动机的转速提高到 6 000 r/min 左右,在设计上才有意义。此外,为了进一步弥补单转电动机系统所带来的问题,只有在电动机的机械强度、换向性能、制造工艺许可的情况下尽量提高电动机转速,把单转电动机的转速提高到 8 000 r/min 以上,才能发挥它的优越性。

## 2.4　电磁负荷的选择与分析

在确定鱼雷推进电动机的功率和转速之后,电、磁负荷就成为影响电动机主要尺寸的主要因素。电、磁负荷与电动机的运行性能和使用寿命有密切关系,必须结合电动机的使用特点全面考虑。

### 2.4.1　磁负荷的选择

选用较高的磁负荷 $B_s$ 可以节约材料、缩小电动机尺寸,但是磁负荷过高会产生以下不利影响:

(1)电动机的电枢反电势与气隙磁密成正比,提高磁负荷,则当其余条件相同时,电枢反电势增大,电动机的工作电压相应地提高,这样就增加了电池组单体电池个数,即增加了电池组占有电池仓的体积。因此,磁负荷的提高必须考虑到电动力推进系统所允许的电动机电压。

(2)过高的磁负荷将导致在电动机直径受鱼雷壳体限制的条件下,磁路饱和度显著增大,特别是电枢齿部,于是空气隙及电枢磁路所需的励磁磁势增高,从而增加了励磁绕组的安匝数,进而增加铜重。

(3)随着磁负荷的增加,必将引起磁路各部分磁密值的增加,而铁耗近似地与电枢齿和电枢轭部的磁密二次方成正比,故磁负荷增加,铁耗增加,从而影响电动机效率和温升。特别应当指出的是,铁损与频率的 1.3 次方成正比,由于鱼雷推进电动机转速比一般中小型直流电动机最有利转速高 5～8 倍,而且磁极对数亦多,所以鱼雷推进电动机中的磁通变化频率比同类型一般直流电动机大得多,因此为了减少铁耗,在频率大的直流电动机中,更应该选择小的磁负荷值,鉴于此原因,高速电动机磁负荷应比低速电动机低 10%～15%。

(4)由于鱼雷推进电动机从电池组吸收的功率在鱼雷航行过程中随着电池组放电电压的逐渐下降而下降,而鱼雷推进电动机的额定值是按平均值确定的,故电动机的额定值并非其最大负荷的参数值。因此,在鱼雷推进电动机实际工作中,其前一段时间内是在超载情况下工作,这样,若在设计中取过高的磁负荷,势必造成在这种情况下的磁路愈加饱和,这样将会影响电动机的运行性能。

综上所述,为减少体积与质量,在受鱼雷外形尺寸和供电电压限制的条件下,尽管转速较高,磁负荷值还是可以按照普通电动机设计的经验在 0.6～1 T 之间进行选取,电枢直径越小,取值越小,而对于单转高速电动机,磁负荷的最好值应低 8% 左右。

### 2.4.2　电负荷的选择

为了提高鱼雷推进电动机的单位质量功率,在选择磁负荷受限制的情况下,根据它短时、短寿命的设计特点,可以大幅度地提高它的电负荷。但是电负荷提高后,将带来下列较大影响:

(1)电负荷提高,电枢铜耗增加,从而增加了电动机温升,为控制电动机温升,电负荷不能选得过大。

(2)电负荷的提高,将导致电动机换向条件的恶化。对于为了尽量改善其换向而安装换向极的推进电动机来讲,也增加了换向绕组的铜耗和用铜量。

(3)电负荷增加,电枢反应强烈,电动机的工作性能变差。为了抑制电枢反应的影响,就需要相应增加空气隙,从而引起励磁绕组铜量和铜耗加大。

为了满足鱼雷的主要要求,根据电动机的工作特点,现役推进电动机中的热负荷 $Aj_a$ 一般为中小型直流电动机的 $2.7 \sim 4.4$ 倍,致使鱼雷推进电动机在损耗比例上,严重失去了保证电动机最佳效率的正常比例,这是造成鱼雷电动机效率低的主要原因。

电负荷选取的主要原则是电动机运行时各部分温升不超过所允许的温度,对于短时、短寿命运行的鱼雷推进电动机电负荷的选取有其自身的特点。

均质固体的发热温升可以表述为

$$\theta = \theta_w(1 - e^{-t/T}) \tag{2-32}$$

式中,$\theta$ 为温度上升值;$\theta_w$ 为热平衡时的稳定温升;$t$ 为工作时间。

发热时间常数 $T$ 为

$$T = \frac{MC}{\alpha S} \tag{2-33}$$

式中,$M$ 为电动机质量;$C$ 为电动机材料的折合比热容;$\alpha$ 为散热系数;$S$ 为电动机的散热面积。

中小型直流电动机绕组发热时间常数一般为 $40 \sim 60$ min。

电动机作短时运行时,通常以绕组温度不超过绕组绝缘材料所允许的额定温度为准而尽量提高电负荷。若短时运行终了,温度正好达到电枢绕组绝缘材料所允许的额定温度 $\theta_w$,此时若继续运行下去,则绕组温度将会达到稳态时的 $\theta'_w$,于是可以定义电动机的热过载因数为

$$K_h = \frac{\theta'_w}{\theta_w} \tag{2-34}$$

因为电动机的发热是由工作时其内部产生损耗造成的,折算到单位冷却表面上的损耗,那么对电枢来讲,比损耗与热负荷 $Aj_a$ 成比例,故而对于短时工作的电动机,可采用如下方式确定电参数:

$$j'_a = j_a\sqrt{K_h} \tag{2-35}$$

$$A' = A\sqrt{K_h} \tag{2-36}$$

当选择激磁绕组和电刷下的电流密度时,这些比值仍然适用。还应当指出,鱼雷推进电动机不仅短时运行,而且还是短寿命的,因而它的过热因数显然比短时运行的电动机还要大,这样才更有可能实现提高电负荷而达到缩小电动机体积的目的。

通过上述分析可知,只要确定出过热因数,就可根据一般中小型电动机的经验取值来确定鱼雷推进电动机的电负荷。

## 2.5 鱼雷推进电动机过载能力分析

### 2.5.1 稳定温升与功率的关系

计算电动机主要尺寸时,要考虑电动机的发热、允许过载能力与启动能力等方面的因素,

一般情况下,以发热问题最为重要。电动机的发热是由于工作时其内部产生的损耗造成的,因此存在关系:

$$\eta_H = \frac{P_m}{P + P_m} \tag{2-37}$$

或

$$P = \frac{1 - \eta_H}{\eta_H} P_m \tag{2-38}$$

式中,$P$ 为损耗功率。

当发热过程终了时,温度不再升高,在这种情况下,电动机在运行中所发出的热量全部向周围介质散发掉,此时满足关系:

$$\theta_w = \frac{P}{\alpha S} = \frac{1 - \eta_H}{\eta_H \alpha S} P_m \tag{2-39}$$

可见,对同样尺寸的电动机,欲提高其额定输出功率,可由下列方面入手:

(1) 提高额定效率 $\eta_H$,即采取措施降低电动机损耗;

(2) 提高散热量 $\alpha S$,加大空气流通速度与散热表面积,因此电动机中广泛采用风扇和带散热筋的机壳,在结构类型上,同样尺寸的开启式电动机,其额定功率比封闭式的大;

(3) 提高绝缘材料的允许温升 $\theta_w$,可以采用等级较高的绝缘材料。

反之,若额定功率一定,提高允许温升、效率、强化换热,则可以降低散热面积,从而减少电动机体积,这就是在鱼雷推进电动机中使用耐温等级高的绝缘材料的原因。

### 2.5.2　鱼雷推进电动机的过热能力

鱼雷推进电动机是从冷态开始在规定的鱼雷航行时间内作短时运行的电动机,其累积工作时间不过 10 h。由于这种电动机每次工作的时间相当短,因此电动机各部件的温升不会达到稳定值。又由于它运行后停机时间相当长,所以下一次启动运行时,电动机各部件早已恢复到冷态,这是鱼雷推进电动机的工作特点。

工作温度的高低与绝缘材料的寿命有很大关系,人们从电动机绝缘材料的损坏事例中找出如下规律:

$$t = Ce^{-m\theta} \tag{2-40}$$

式中,$t$ 为材料寿命;$\theta$ 为运行温度;系数 $C$ 和 $m$ 为试验决定的常数,与绝缘类型有关。

式(2-40)可用于估算电动机绝缘材料的寿命,对于 H 级绝缘,若以允许最高温度 180℃ 为准,温度每升高 12℃,绝缘寿命减低一半;反之,温度每降低 12℃ 绝缘寿命提高 1 倍。作为长期运行的电动机,其温升可达稳定值,其一次工作的时间可达几小时甚至几昼夜,使用寿命可达 20 ~ 30 年。对这样的电动机,运行时绕组绝缘中最热点的温度,不得超过各等级的规定(例如,B 级的 130℃、F 级的 155℃、H 级的 180℃),电动机设计时还通常留有 5 ~ 10℃ 的余量。

鱼雷推进电动机中主要应用的绝缘材料有 B 级和 H 级。而我国现役鱼雷推进电动机中均应用 H 级。当绕组最热点的温度为 180℃ 时,寿命可达到 7 年(61 974 h)。如按累积时间 10 h 计算,其运行温度可高达340℃,即 H 级绝缘电动机在 340℃ 运行 10 h,绝缘即破坏。若以环境温度 40℃ 为电动机起始温度,则过热因数为 $K_h = (340 - 40)/(180 - 40) = 2.14$ 倍,而功率过

载倍数为 $K_p = \sqrt{K_h} = 1.5$。

以上是连续运行短寿命的情况,根据鱼雷推进电动机运行特点是短寿命、短时间运行,考虑到式(2-32)描述的温升过程,因而过载能力还可提高。但是计算中必须注意到,短时运行过程的冷却阶段中,绝缘仍在承受温度的影响,一直到恢复室温为止,故此绝缘的寿命更加缩短了。因此,在短寿命、短时运行时不可能允许温度提高到 H 级绝缘的 340℃,必须放足余量。例如只允许提高温度到 325℃,使绝缘寿命有 20 h 以上,才能保证短寿命、短时运行累积满足 10 h 后而绝缘破坏发生,在这种情况下,H 级绝缘绕组电动机的过载倍数对应没有考虑冷却期间绕组绝缘损伤的过载倍数低 10% 左右,此时短寿命、短时鱼雷推进电动机与长期运行电动机相比,其功率过载能力约为 3.9。

因为确定电动机功率时,除考虑发热外,还要考虑推进电动机所受的启动转矩,所以根据我国制造的鱼雷推进电动机情况,与同容量的一般长期运行电动机相比,其质量、体积约为长期运行电动机的 27% 左右,即单位质量功率比指标大约可达同容量长期运行电动机的 3.6 倍,即功率过载倍数约为 3.6。为了更加可靠,初步设计时一般取功率过载倍数的极限值为 3~3.5。

## 2.6  极对数和极弧计算系数的选择

### 2.6.1  极对数的选择

式(2-20)已经指出,直流电动机每极磁通为

$$\Phi = \frac{\pi D_a}{2p} \alpha_a l_a B_a \qquad (2-41)$$

对于某一电动机,如果 $D_a$,$l_a$,$B_a$ 和 $\alpha_a$ 已经确定,则穿过电动机电枢的总磁通 $2p\Phi = \mathrm{const}$,因此只要保持电动机总磁通为常数,极数 $2p$ 可以任意选择。但 $2p$ 的选择对电动机的经济性能有明显的影响。对于一般用途的直流电动机,当 $D_a = 130 \sim 500 \ \mathrm{mm}$ 时,一般多选用 $2p = 4$。鱼雷推进电动机设计中均放大这一数值,相应地 $\tau$ 减少,这样做可带来如下优点:

(1)直流电动机电磁转矩的表达式(2-11)、式(2-12)表明,在电磁转矩及电动机其他主要参数确定的情况下,电动机的总磁通 $2p\Phi$ 也是固定的。因而选择的极数越多,电动机的每极磁通则越小,每极磁通的降低可以减少电枢轭和机座的截面,也减少了电动机的体积。

(2)当电枢直径 $D_a$ 一定时,磁极数 $2p$ 增多,由 $\tau = \frac{\pi D_a}{2p}$ 可知,极距变短,同时电枢绕组端接部分的长度 $l_e \approx 1.4\tau$ 减少,自然 $l_e$ 亦小,故可以省铜及降低铜耗。

(3)在一般情况下,电刷对数等于极对数,故磁极数 $2p$ 增多时,电刷数亦增多,这样在一定的许可电刷电密值下,可减少每个电刷的面积,从而可以使得电刷在换向器上容易布置或减小换向器尺寸。

为了实现鱼雷对它的高比功率要求,应尽可能地选择较多的磁极数。若推进电动机中不装换向极,则 $2p$ 可相对多些,在小型不装换向极的鱼雷推进电动机中 $2p$ 有时高达 8。

但当 $2p$ 过多时,将带来以下不良的方面:

(1)由于 $2p$ 的增多,因此主极及有关零件增多,电动机的制造成本高。

（2）由于 $\tau$ 的减少，随着极间距离的缩小，漏磁较大，导致了在鱼雷推进电动机中主极漏磁系数（1.15～1.21）比一般直流电动机主极漏磁系数的推荐值（1.11～1.12）大。同时，对有换向极的鱼雷推进电动机的主极与换向极的安装调整也比较困难。

（3）当机座轭截面积减少时，机座的机械强度减小。

（4）因为电枢中磁通变化频率为 $f = pn/60$，所以 $p$ 多，频率高，铁耗增加。

（5）换向器直径受结构限制不能任意由一个因素确定，换向片厚度受工艺限制也不能太薄，鉴于磁极数 $2p$ 增加了，必须在换向器直径一定的情况下减少两刷杆间的片数，这样就使片间电压增加而使换向性能恶化。

通过以上优、缺点的分析，可见极对数的选择不是任意的，要根据具体情况，选择不同极数的方案加以计算，最后确定满足要求的优良方案。通常，按下列方面的限制进行选择：

（1）每刷杆电流小于 1 000～1 200 A。

（2）大型鱼雷电动机换向片片距大于 0.5 cm，小型鱼雷电动机换向片片距大于 0.17 cm。

（3）换向器直径由允许的换向器圆周速度 35～40 m/s 决定，对于盘式换向器，其直径约为电枢直径的 0.63～0.80 倍。

（4）换向器片间平均电压小于 16～22 V。

必须注意，所有上述参数都与绕组类型有关。因此，在绕组选择之后，应对所选的磁极数 $2p$ 进行检查。

对于大型鱼雷推进电动机，它们一般装有换向极，其主磁极对数一般选 3；小型鱼雷推进电动机可以不装换向极，其值可选 3～4。

### 2.6.2　极弧计算系数的选择

极弧计算系数 $\alpha_a$ 取得大一些，对缩小电动机主要尺寸是有利的。但增大 $\alpha_a$ 后，由于极间距离 $\tau$ 不变，计算弧长增大，而极间空隙变狭，磁极漏磁增大，影响换向并且给换向极绕组的布置造成困难。除此之外，较大的 $\alpha_a$ 增加了电枢反应影响（因为交轴电枢反应电势正比于交轴电枢反应磁通 $B_{aq}$，而 $B_{aq} \approx 1.25A/(1 - a_a)$），电动机性能变差。

在具有换向极的中小型直流电动机中 $\alpha_a \approx 0.65～0.70$，无换向极的电动机 $\alpha_a \approx 0.65～0.75$；而鱼雷推进电动机中由于极数稍多，极间距离较短，为了保证电动机性能，$\alpha_a$ 在变化范围内应取偏低值。

## 2.7　电动机主要尺寸的确定

根据式（2-25）求得 $D_a^2 l_a$，如果再进一步确定电机尺寸，则需要分离 $D_a$ 和 $l_a$ 这两个主尺寸。

首先应确定鱼雷推进电动机的额定功率、转速、转矩。在电动机的设计上，常使用转矩与 $D_a$ 的关系曲线确定 $D_a$。由于鱼雷推进电动机属短寿命、短时运行电动机，根据对短寿命、短时运行电动机过载能力的分析，$D_a$ 的初步确定可以取普通电动机经验值的下限。

确定 $D_a$ 后，应校验是否符合鱼雷安装条件。根据我国生产的几型鱼雷电动机的情况，电枢直径约为电动机外壳固定在鱼雷上的最大许可直径的 0.5～0.65 倍，而该最大许可直径应根据鱼雷推进电动机的类型（单转还是双转）及在鱼雷上的安装位置、条件加以调整。

根据选定的 $D_a$ 值选定磁负荷和电负荷,在此应注意到直流电动机过载能力受换向所允许的最大电流的限制。在考虑必要的换向性能情况下,鱼雷推进电动机的电负荷最大不能超过一般用途直流电动机电负荷的 $2 \sim 2.5$ 倍,不装风扇的可取 2,对装有自冷式风扇的推进电动机可取平均值,对采取其他冷却方式的可取 2.5。

根据式(2-25)可以得到电枢计算长度,鱼雷推进电动机电枢长度都不可能超过 25 cm。在这种情况下,可不采用径向风道,此时电枢长度约等于电枢计算长度。

为了减轻质量和有利散热,当电枢直径大于 21 cm 时,铁芯轭部可冲有圆形或椭圆形轴向通风孔(孔径约为轭高的 $1/4 \sim 1/3$,一般为 $15 \sim 35$ mm)。

用上述方法确定的 $D_a$ 及 $l_a$ 值必须通过长径比 $\lambda$ 来校核,$\lambda$ 的大小对电动机的经济指标和运行性能有重要影响。当 $D_a^2 l_a$ 一定时,$\lambda$ 比较大,电动机细长,其优点在于:

(1)因为 $D_a$ 小,当磁极数 $2p$ 一定时,极距 $\tau$ 亦小,因而绕组端接部的尺寸较小,相应地与 $D_a^2$ 成比例的机壳、端盖等结构也紧凑,从而可使单位功率的材料用量减少。

(2)在相同的电流密度情况下,因电枢绕组长度减少,故电枢铜耗有所降低,使效率有所提高。

(3)长度大而直径小的电动机具有较小的惯性力矩和圆周速度,这有利于电动机的启动和提高转速。

而 $\lambda$ 值过大的缺点在于:

(1)对轴向抽风的电动机,加长电动机长度减低了散热能力,使电枢绕组温度沿铁芯长度分布不均匀,使最热点的温度提高。

(2)直径小而长度大的电动机电抗电势大,对换向不利。

(3)铁芯冲片的数目增多,从而增加冲剪叠压的制造工作量,经济性差。

根据经验和分析,鱼雷推进电动机的 $\lambda$ 值较低,例如两型国产电动机的 $\lambda$ 值分别为 0.5 和 0.58(对应电枢直径分别为 23 cm 和 13.8 cm),说明鱼雷推进电动机与普通直流电动机相比是短粗结构。这是为了充分利用鱼雷壳体的有限空间,考虑推进电动机的安装条件并且有利于鱼雷其他部分的总体布置,电枢长度仅有相同转矩电动机电枢的 $27\% \sim 51\%$。一方面由于 $\lambda$ 小,因此不但有利于充分利用鱼雷空间,同时也有利于电动机散热和减少换向元件中的电抗电势、减少冲片张数,易于装配。另一方面由于鱼雷推进电动机单位质量功率高,因而各结构支撑部件,如换向器、轴、轴承等承受的负荷也很高,为保证这些零件有必要的机械强度,电枢直径也不能过小。

另外,鱼雷推进电动机单位极距对应的电枢有效长度也比一般用途直流电动机大,这是由于鱼雷电动机中磁极数 $2p$ 多而造成的,该值一般分布于 $0.95 \sim 1.1$。

电动机主要尺寸的确定还应考虑换向的问题,直流电动机换向元件的电抗电势与电动机主要尺寸有密切的关系,考虑到鱼雷推进电动机特殊的安装和工作条件,换向问题(环火)又是直流推进电动机的核心问题之一,因而有必要对换向片间的平均电压进行限制。

对无补偿绕组的鱼雷推进电动机,换向片间的平均电压最高不得超过 20 V,一般应为 $16 \sim 17$ V。根据现有鱼雷推进电动机的分析,特别是应用于大型鱼雷上的几种国产鱼雷推进电动机,从保证换向的角度来看,该片间电压、电枢周向线速度的值已经接近或超过一般用途直流电动机的最高允许值,因而鱼雷推进电动机的主要尺寸在现在功率情况下,再进一步缩小的可能性已经不大,要提高单位质量功率必须另找途径。

　　电动机主要尺寸的选择与诸多因素有关,为了得到各方面均合理的设计参数,一般应取几个方案进行综合比较,直到选择满足要求又运行可靠的参数为止。

　　在一般直流电动机或其他系列直流电动机设计中,为了提高硅钢片的利用率,均采用标准电枢直径,但是由于鱼雷推进电动机安装位置受到严格限制,同时电动力系统是由鱼雷的战术指标确定的,因而不一定采用标准直径,但为了提高电动机的利用率,同一电动机,亦可考虑到几种型号的鱼雷都能应用,如法国 $L_3$ 推进电动机可应用于 $L_3$ , $E_{14}$ , $E_{15}$ 等多个型号的鱼雷上。在这种情况下,必须按最高要求确定电动机主要尺寸。

　　一个良好的设计并不是完全为了生产一个质量最轻、体积最小的电动机而选用参数的极限值,而是必须注意到这些参数之间的彼此协调,只有这样,才能设计出性能良好的鱼雷推进电动机。

　　前文对电动机主要尺寸的确定作了原则性的叙述,但须指出,在不同的电动机设计中,确定电动机主要尺寸的方法可能不同,因而在具体设计中要灵活应用。

# 第3章 永磁直流电动机

电动机是以磁场为媒介进行机械能和电能相互转换的电磁装置。为了在电动机内建立进行机电能量转换所必需的气隙磁场,可以有两种方法:一种是在电动机绕组内通以电流来产生磁场,即电励磁的电动机;另一种是由永磁体来产生磁场。由于永磁材料的固有特性,它经过预先磁化(充磁)以后,不再需要外加能量就能在其周围空间建立磁场。这既可简化电动机结构,又可节约能量,这种电动机叫作永磁电动机。

## 3.1 永磁电动机的发展

### 3.1.1 永磁材料

永磁电动机的发展是与永磁材料的发展密切相关的。20 世纪 60 年代和 80 年代,稀土钴永磁和钕铁硼永磁(二者统称稀土永磁)相继问世,它们的高剩磁密度、高矫顽力、高磁能积和线性退磁曲线的优异磁性能特别适合于制造电动机,从而使永磁电动机的发展进入一个新的历史时期。

稀土永磁材料的发展大致分为 3 个阶段。1967 年美国 K. J. Strnat 教授发现的钐钴永磁为第一代稀土永磁,其化学式可表示成 $RCO_5$(其中 R 代表钐、镨等稀土元素),简称 1:5 型稀土永磁,产品的最大磁能积现已超过 199 kJ/m³(25 MG·Oe)[①]。1973 年又出现了磁性能更好的第二代稀土永磁,其化学式为 $R_2CO_{17}$,简称 2:17 型稀土永磁,产品的最大磁能积现已达 258.6 kJ/m²(32.5 MG·Oe)。1983 年日本住友特殊金属公司和美国通用汽车公司各自研制成功钕铁硼(NdFeB)永磁,在实验室中的最大磁能积现高达 431.3 kJ/m²(54.2 MG·Oe),商品生产现已达 397.9 kJ/m²(50 MG·Oe),称为第三代稀土永磁。由于钕铁硼永磁的磁性能高于其他永磁材料,价格又低于稀土钴永磁材料,在稀土矿中钕的含量是钐的十几倍,而且不含战略物资——钴,因而引起了国内外磁学界和电动机界的极大关注,纷纷投入大量人力、物力进行研究开发。目前正在研究新的更高性能的永磁材料,如钐铁氮永磁、纳米复合稀土永磁等,希望能有新的、更大的突破。

进入 20 世纪 90 年代以来,随着永磁材料性能的不断提高和完善,特别是钕铁硼永磁材料的热稳定性和耐腐蚀性的改善和价格的逐步降低,以及电力电子器件的进一步发展,加上永磁电动机研究开发经验的逐步成熟,使永磁电动机在国防、工农业生产和日常生活等方面获得越来越广泛的应用。

我国的稀土资源丰富,稀土不稀,稀土矿的储藏量为世界其他各国总和的 4 倍左右,号称"稀土王国"。稀土矿石和稀土永磁材料的产量都居世界前列。稀土永磁材料和稀土永磁电动

---

① 磁能积单位,高斯·奥斯特,也称高·奥,1 MG·Oe=$(10^2/4\pi)$ kJ/m³

机的科研水平都达到了国际先进水平。因此,应充分发挥我国稀土资源丰富的优势,大力研究和推广应用以稀土永磁电动机为代表的各种永磁电动机。

### 3.1.2　永磁电动机的主要特点和应用

与传统的电励磁电动机相比,永磁电动机,特别是稀土永磁电动机具有结构简单、运行可靠、体积小、质量轻、损耗少、效率高、电动机的形状和尺寸灵活多样等显著优点,因而应用范围极为广泛,几乎遍及国防、工农业生产和日常生活的各个领域。下面介绍几种典型永磁电动机的主要特点及其主要应用场合。

### 3.1.3　高效永磁同步电动机

永磁同步电动机与感应电动机相比,不需要无功励磁电流,可以显著提高功率因数(可达到 1,甚至容性),减少了定子电流和定子电阻损耗,而且当稳定运行时没有转子电阻损耗,进而可以因总损耗降低而减小风扇(小容量电动机甚至可以去掉风扇)和相应的风摩损耗,从而使其效率比同规格感应电动机提高 2%～8%。而且,永磁同步电动机在 25%～120% 额定负载范围内均可保持较高的效率和功率因数,使轻载运行时节能效果更为显著。这类电动机一般都在转子上设置启动绕组,具有在某一频率和电压下直接启动的能力,又称为异步启动永磁同步电动机。

此外,与电励磁同步电动机相比,永磁同步电动机省去了励磁功率,提高了效率,简化了结构,实现了无刷化。例如,我国研制的 110 kW 8 极永磁同步电动机,效率高达 95%,启动转矩倍数为 1.52,永磁体用量为 0.15 kg/kW。

1. 调速永磁同步电动机和无刷直流电动机

随着电力电子技术的迅猛发展和器件价格的不断降低,人们越来越多地用变频电源和交流电动机组成交流调速系统来替代直流电动机调速系统。在交流电动机中,永磁同步电动机的转速在稳定运行时与电源频率保持恒定的关系,这一固有特性使得它可直接用于开环的变频调速系统。这类电动机通常由变频器频率的逐步升高来启动,在转子上可以不设置启动绕组。

变频器供电的永磁同步电动机加上转子位置闭环控制系统即构成自同步永磁电动机,既具有电励磁直流电动机的优异调速性能,又实现了无刷化,这在要求高控制精度和高可靠性的场合获得了广泛应用。其中,反电动势波形和供电电流波形都是矩形波的电动机,通常又称为无刷直流电动机;反电动势波形和供电电流波形都是正弦波的电动机,称为正弦波永磁同步电动机,简称永磁同步电动机。法国开发的 100 kW 无刷直流电动机,在线圈端侧装入逆变器,总质量只有 28 kg。

2. 永磁直流电动机

直流电动机采用永磁励磁后,既保留了电励磁直流电动机良好的调速特性和机械特性,又因省去了励磁绕组和励磁损耗而具有结构工艺简单、体积小、用铜量少、效率高等特点。

我国已开发出功率为 0.55～220 kW、电压为 160 V 和 400 V 的钕铁硼永磁直流电动机系列,与同规格的电励磁直流电动机相比,效率可提高 6%,还可节约铜材 30%～40%、硅钢片10%～20%。

## 3.2  永磁材料的性能和选用

永磁电动机的性能、设计制造特点和应用范围都与永磁材料的性能密切相关。永磁材料种类众多,性能差别很大,只有全面了解后才能做到设计合理,使用得当。

### 3.2.1  永磁材料磁性能的主要参数

永磁材料的磁性能比较复杂,需要用多项参数来表示。

1. 退磁曲线

与其他磁性材料一样,永磁材料首先用磁滞回线来反映和描绘其磁化过程的特点和磁特性,磁滞回线在第二象限的部分称为退磁曲线,它是永磁材料的基本特性曲线。

退磁曲线的两个极限位置是表征永磁材料磁性能的两个重要参数。退磁曲线上磁场强度 $H$ 为零时,相应的磁感应强度值称为剩余磁感应强度,又称剩余磁通密度,简称剩磁密度,符号为 $B_r$,单位为 T(特斯拉)(工厂习用单位为高斯,即 Gs 或 G,1 Gs $= 10^{-4}$ T)。退磁曲线上磁感应强度 $B$ 为零时,相应的磁场强度值称为磁感应强度矫顽力,简称矫顽力,符号为 $H_{CB}$ 或 $H_c$,单位为 A/m(工厂习用单位为奥斯特,即 Oe,1 Oe $= 1\,000/(4\pi)$ A/m $= 80$ A/m)。

磁场能量密度 $\omega_m = BH/2$。因此,退磁曲线上任一点的磁通密度与磁场强度的乘积称为磁能积,它的大小与该永磁体在给定工作状态下所具有的磁能密度成正比。在退磁曲线的两个极限位置即 $H = 0$ 和 $B = 0$ 处磁能积为零。在中间某个位置上磁能积为最大值,称为最大磁能积,符号为 $(BH)_{max}$,单位为 J/m³(工厂习用单位为高奥,即 G·Oe,1 G·Oe $= 1/(40\pi)$ J/m³ $\approx 8 \times 10^{-3}$ J/m³ 或 1 MG·Oe $\approx 8$ kJ/m³),它也是表征永磁材料磁性能的重要参数。

图 3-1 所示描述了永磁材料的退磁曲线和磁能积曲线。

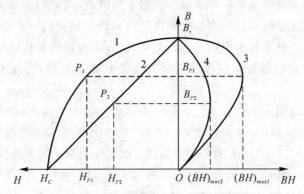

图 3-1  退磁曲线和磁能积曲线

1,2—退磁曲线;  3,4—磁能积曲线

2. 回复线

退磁曲线所表示的磁通密度与磁场强度间的关系,只有在磁场强度单方向变化时才存在。实际上,永磁电动机运行时受到作用的退磁磁场强度是反复变化的。当对已充磁的永磁体施加退磁磁场强度时,磁通密度沿图 3-2 中的退磁曲线 $B_rP$ 下降。如果在下降到 $P$ 点时消去外加退磁磁场强度 $H_P$,则磁通密度并不沿退磁曲线回复,而是沿另一曲线 $PBR$ 上升。若再

施加退磁磁场强度,则磁通密度沿新的曲线 $PB'R$ 下降。如此多次反复后形成一个局部的小回线,称为局部磁滞回线。由于该回线的上升曲线与下降曲线很接近,可以近似地用一条直线 $PR$ 来代替,称为回复线。$P$ 点为回复线的起始点。如果以后施加的退磁磁场强度 $H_Q$ 不超过第一次的值 $H_P$,则磁通密度沿回复线 $PR$ 作可逆变化。如果 $H_Q > H_P$,则磁通密度下降到新的起始点 $Q$,沿新的回复线 $QS$ 变化,不能再沿原来的回复线 $PR$ 变化。这种磁通密度的不可逆变化将造成电动机性能的不稳定,也增加了永磁电动机电磁设计计算的复杂性,因而应该力求避免其发生。

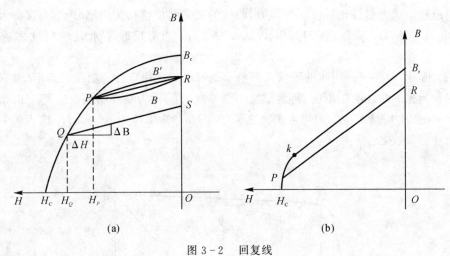

图 3-2　回复线

回复线的平均斜率与真空磁导率 $\mu_0$ 的比值称为相对回复磁导率,简称回复磁导率,符号为 $\mu_{rec}$,简写为 $\mu_r$。

$$\mu_r = \frac{1}{\mu_0} \left| \frac{\Delta B}{\Delta H} \right| \qquad (3-1)$$

式中,$\mu_0$ 为真空磁导率,又称磁性常数,$\mu_0 = 4\pi \times 10^{-7}$ H/m(在 CGSM 制中,$\mu_0 = 1$ Gs/Oe)。

当退磁曲线为曲线时,$\mu_r$ 的值与起始点的位置有关,是个变数,但通常情况下变化很小,可以近似认为是一个常数,且近似等于退磁曲线上 $(B_r, 0)$ 处切线的斜率值。换句话说,各点的回复线可近似认为是一组平行线,它们都与退磁曲线上 $(B_r, 0)$ 处的切线相平行。利用这一近似特性,在实际工作中求不同工作温度、不同工作状态的回复线就方便得多。

3. 内禀退磁曲线

退磁曲线和回复线表征的是永磁材料对外呈现的磁感应强度 $B$ 与磁场强度 $H$ 之间的关系。还需要另一种表征永磁材料内在磁性能的曲线。由铁磁学理论可知,在真空中磁感应强度与磁场强度间的关系为

$$B = \mu_0 H \qquad (3-2)$$

而在均匀的磁性材料中,有

$$B = \mu_0 M + \mu_0 H \qquad (3-3)$$

在 CGSM 制中,式(3-3)表达为

$$B = 4\pi M + H$$

式中,$M$ 为磁化强度,是单位体积磁性材料内各磁畴磁矩的矢量和,单位为 A/m,它是描述磁

性材料被磁化程度的一个重要物理量。

式(3-3)表明,磁性材料在外磁场作用下被磁化后大大加强了磁场。这时,磁感应强度 $B$ 含有两个分量:一个分量是与真空中一样的分量 $\mu_0 H$;另一个分量是由磁性材料磁化后产生的分量 $\mu_0 M$。后一分量是物质磁化后内在的磁感应强度,称为内禀磁感应强度 $B_i$,又称磁极化强度 $J$。描述内禀磁感应强度 $B_i(J)$ 与磁场强度 $H$ 关系的曲线 $B_i = f(H)$ 称为内禀退磁曲线,简称内禀曲线。由式(3-3)可得

$$B_i = B - \mu_0 H \qquad (3-4)$$

内禀退磁曲线上磁极化强度 $J$ 为零时,相应的磁场强度值称为内禀矫顽力,又称磁化强度矫顽力,其符号为 $H_{ci}$,$_J H_c$ 或 $_M H_c$,单位为 A/m。$H_{ci}$ 的值反映了永磁材料抗去磁能力的大小。

除 $H_{ci}$ 值外,内禀退磁曲线的形状也影响永磁材料的磁稳定性。曲线的矩形度越好,磁性能越稳定。为标志曲线的矩形度,特地定义一个参数 $H_K$,称为临界场强,$H_K$ 等于内禀退磁曲线上当 $B_i = 0.9 B_r$ 时所对应的退磁磁场强度值(见图3-3),单位为 A/m。$H_K$ 应当成为稀土永磁材料的必测参数之一。

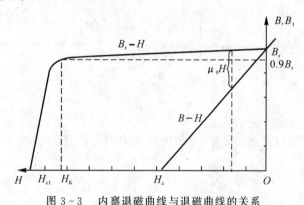

图 3-3　内禀退磁曲线与退磁曲线的关系

**4. 稳定性**

为了保证永磁电动机的电气性能不发生变化,能长期可靠地运行,要求永磁材料的磁性能保持稳定。通常用永磁材料的磁性能随环境、温度和时间的变化率来表示其稳定性,主要包括热稳定性、磁稳定性、化学稳定性和时间稳定性。

热稳定性是指永磁体由所处环境温度的改变而引起磁性能变化的程度,故又称温度稳定性,如图3-4所示。当永磁体的环境温度从 $t_0$ 升至 $t_1$ 时,磁通密度从 $B_0$ 降为 $B_1$;当温度从 $t_1$ 回到 $t_0$ 时,磁通密度回升至 $B_0'$,而不是 $B_0$;如果温度在 $t_0$ 和 $t_1$ 间变化,则磁通密度在 $B_0'$ 和 $B_1$ 间变化。

从图3-4可以看出,磁性能的损失可以分为两部分:

(1)可逆损失,这部分损失是不可避免的。各种永磁材料的剩余磁感应强度随温度可逆变化的程度可用温度系数 $\alpha_{Br}$ 以 ％ 表示,单位为 $K^{-1}$:

$$\alpha_{Br} = \frac{B_1 - B_0}{B_0'(t_1 - t_0)} \times 100\% \qquad (3-5)$$

同样,还常用 $\alpha_{Hci}$ 以 ％ 表示永磁材料的内禀矫顽力随温度可逆变化的程度,单位也是 $K^{-1}$:

$$\alpha_{Hci} = \frac{H_{ci} - H'_{ci}}{H'_{ci}(t_1 - t_0)} \times 100\%$$
(3-6)

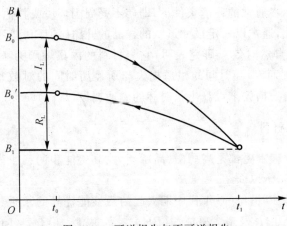

图 3-4   可逆损失与不可逆损失

（2）不可逆损失，温度恢复后磁性能不能回复到原有值的部分，称为不可逆损失，通常以其损失率 $I_L$（%）表示：

$$I_L = \frac{B'_0 - B_0}{B_0} \times 100\%$$
(3-7)

不可逆损失又可分为不可恢复损失和可恢复损失。前者是指永磁体重新充磁也不能复原的损失，一般是因为较高的温度引起永磁体微结构的变化（如氧化）而造成的；后者是指永磁体重新充磁后能复原的损失。

永磁材料的温度特性还可用居里温度和最高工作温度来表示。随着温度的升高，磁性能逐步降低，升至某一温度时，磁化强度消失，该温度称为该永磁材料的居里温度，又称居里点，符号为 $T_C$，单位为 K 或 ℃。最高工作温度的定义是将规定尺寸（稀土永磁为 $\phi 10 \times 7$ mm）的样品加热到某一恒定的温度，长时间放置（一般取 1 000 h），然后将样品冷却到室温，其开路磁通不可逆损失小于 5% 的最高保温温度，定义为该永磁材料的最高工作温度，符号为 $T_w$，单位为 K 或 ℃。

手册或资料中通常提供的是室温 $t_0$ 时的剩余磁感应强度 $B_{r10}$，则工作温度在 $t_1$ 时的剩余磁感应强度为

$$B_{rt1} = B_{rt0}\left(1 - \frac{I_L}{100}\right)\left[1 - \frac{\alpha_{Br}}{100}(t - t_0)\right]$$
(3-8)

式中，$I_L$ 和 $\alpha_{Br}$ 取绝对值。

磁稳定性表示在外磁场干扰下永磁材料磁性能变化的大小。理论分析和实践证明，一种永磁材料的内禀矫顽力 $H_{ci}$ 越大，内禀退磁曲线的矩形度越好（或者说 $H_K$ 越大），则这种永磁材料的磁稳定性越高，即抗外磁场干扰能力越强。当 $H_{ci}$ 和 $H_K$ 大于某定值时，退磁曲线全部为直线，而且回复线与退磁曲线相重合，在外施退磁磁场强度作用下，永磁体的工作点在回复线上来回变化，不会造成不可逆退磁。

受酸、碱、氧气和氢气等化学因素的作用，永磁材料内部或表面化学结构会发生变化，将严重影响材料的磁性能。例如，钕铁硼永磁的成分中大部分是铁和钕，容易氧化，故在生产过程

中需采取各种工艺措施来防止氧化,要尽力提高永磁体的密度以减少残留气隙来提高其抗腐蚀能力,同时要在成品表面涂敷保护层,如镀锌、镀镍、电泳等。

永磁材料充磁以后在通常的环境条件下,即使不受周围环境或其他外界因素的影响,其磁性能也会随时间而变化,通常以一定尺寸形状的样品的开路磁通随时间损失的百分比来表示,叫作时间稳定性,或叫自然时效。研究表明,它与材料的内禀矫顽力 $H_{ci}$ 和永磁体的尺寸比 $L/D$ 有关。对永磁材料而言,随时间的磁通损失与所经历时间的对数基本上呈线性关系,因此可以从较短时间的磁通损失来推算出长时间的磁通损失,从而判断出永磁体的使用寿命。

### 3.2.2 稀土永磁材料

稀土钴永磁和钕铁硼永磁都是高剩磁、高矫顽力、高磁能积的稀土永磁材料,但在某些性能上有较大区别,故分别予以介绍。

稀土钴永磁材料是 20 世纪 60 年代中期兴起的磁性能优异的永磁材料,特点是剩余磁感应强度 $B_r$、磁感应矫顽力 $H_c$ 及最大磁能积 $(BH)_{max}$ 都很高。1:5 型 $(RCO_5)$ 永磁体的最大磁能积现已超过 199 kJ/m³(25 MG·Oe),2:17 型 $(R_2CO_{17})$ 永磁体的最大磁能积现已达 258.6 kJ/m³(32.5 MG·Oe),剩余磁感应强度 $B_r$ 一般高达 0.85～1.15 T,接近铝镍钴永磁水平;磁感应矫顽力 $H_c$ 可达 480～800 kA/m,大约是铁氧体永磁的 3 倍。稀土钴永磁的退磁曲线基本上是一条直线,回复线基本上与退磁曲线重合,抗去磁能力强。另外,稀土钴永磁材料 $B_r$ 的温度系数比铁氧体永磁材料低,通常为 −0.03% K⁻¹ 左右,并且居里温度较高,一般为 710～880℃。因此,这种永磁材料的磁稳定性最好,很适合用来制造各种高性能的永磁电动机。缺点是目前的价格还比较昂贵,致使电动机的造价较高。

钕铁硼永磁材料是 1983 年问世的高性能永磁材料。它的磁性能高于稀土钴永磁,室温下剩余磁感应强度 $B_r$ 现可高达 1.47 T,磁感应矫顽力 $H_c$ 可达 992 kA/m(12.4 kOe),最大磁能积高达 397.9 kJ/m³(50 MG·Oe),是目前磁性能最高的永磁材料。由于钕在稀土中的含量是钐的十几倍,资源丰富,铁、硼的价格便宜,又不含战略物资钴,因此钕铁硼永磁的价格比稀土钴永磁便宜得多,问世以来,在工业和民用的永磁电动机中迅速得到推广应用。

钕铁硼永磁材料的不足之处是居里温度较低,一般为 310～410℃;温度系数较高,$B_r$ 的温度系数可达 −0.13% K⁻¹,$H_{ci}$ 的温度系数达 (−0.7% ～−0.6%) K⁻¹,因而在高温下使用时磁损失较大。由于其中含有大量的铁和钕,容易锈蚀也是它的一大弱点。因此,要对其表面进行涂层处理,目前常用的涂层有环氧树脂喷涂、电泳和电镀等,一般涂层厚度为 10～40 $\mu m$。不同涂层的抗腐蚀能力不一样,环氧树脂涂层抗溶剂、抗冲击能力、抗盐雾腐蚀能力良好;电泳涂层抗溶剂、抗冲击能力良好,抗盐雾能力极好;电镀有极好的抗溶剂、抗冲击能力,但抗盐雾能力较差。因此,需根据磁体的使用环境来选择合适的保护涂层。

另外,由于钕铁硼永磁材料的温度系数较高,造成其磁性能热稳定性较差。一般的钕铁硼永磁材料在高温下使用时,其退磁曲线的下半部分要产生弯曲,为此使用普通钕铁硼永磁材料时,一定要校核永磁体的最大去磁工作点,以增强其可靠性。

上述常用的永磁材料都可以制成黏结永磁,黏结永磁材料是用树脂、塑料或低熔点合金等材料为黏结剂,与永磁材料粉末均匀混合,然后用压缩、注射或挤压成形等方法制成的一种复合型永磁材料。按所用永磁材料种类不同,分为黏结铁氧体永磁、黏结铝镍钴永磁、黏结稀土钴永磁和黏结钕铁硼永磁材料。与通常的铸造或烧结永磁体相比,黏结磁体因含有黏结剂而

使磁性能稍差,但却具有如下显著的优点:

(1)形状自由度大,容易制成形状复杂的磁体或薄壁环、薄片状磁体。注射成形时还能嵌入其他零件一起成形。

(2)尺寸精度高、不变形,烧结磁体的收缩率为 13%～27%,而黏结磁体的收缩率只有 0.2%～0.5%。不需要二次加工就能制成高精度的磁体。

(3)产品性能分散性小、合格率高,适于大批量生产。

(4)机械强度高,不易破碎,可进行切削加工。

(5)电阻率高、易于实现多极充磁。

(6)原材料利用率高,浇口、边角料、废品等进行退磁处理,粉碎后能简单地再生使用。

(7)密度小、质量轻。

因此,采用黏结永磁体可以简化电动机制造工艺,并且能获得良好的电动机性能,特别是对于一次成形的多极转子或多极定子,采用黏结永磁体有它得天独厚的优点。

### 3.2.3　永磁材料的选择

永磁材料的种类多种多样,性能相差很大,因此在设计永磁电动机时首先要选择好适宜的永磁材料品种和具体的性能指标。归纳起来,选择的原则:

(1)应能保证电动机气隙中有足够大的气隙磁场和规定的电动机性能指标;

(2)在规定的环境条件、工作温度和使用条件下应能保证磁性能的稳定性;

(3)有良好的机械性能,以方便加工和装配;

(4)经济性要好,价格适宜。

根据现有永磁材料的性能和电动机的性能要求,一般说来:

(1)随着性能的不断完善和相对价格的逐步降低,铁硼永磁在电动机中的应用将越来越广泛,不仅在部分应用场合有可能取代其他永磁材料,还可能逐步取代部分传统的电励磁电动机。

(2)对于性能和可靠性要求很高而价格不是主要因素的场合,优先选用高矫顽力的 2:17 型稀土钴永磁。1:5 型稀土钴永磁的应用场合将有所缩小,主要用于在高温情况下使用和退磁磁场大的场合。

## 3.3　永磁直流电动机基本原理

永磁直流电动机是由永磁体建立励磁磁场的直流电动机。它除了具有普通电励磁直流电动机所具备的下垂的机械特性、线性的调节特性、调速范围宽和便于控制等特点外,还具有体积小、效率高、用铜量少、结构简单和运行可靠等优点。

永磁直流电动机的工作原理和基本方程与电励磁直流电动机相同,电枢电动势:

$$E = C_E \Phi n \qquad (3-9)$$

式中,电动势常数为

$$C_E = \frac{pN}{60a} \qquad (3-10)$$

而电磁转矩为

$$M = C_M \Phi I \tag{3-11}$$

式中,转矩常数为

$$C_M = \frac{pN}{2a\pi} \tag{3-12}$$

电动势常数和转矩常数是直流电动机重要的设计参数,它们实际上是一个参数,两者存在以下关系:

$$C_M = \frac{60}{2\pi} C_E \tag{3-13}$$

当设计电动机时,两者只能同时增大或减小。也就是说,要想增大 $C_M$ 以减小电流时,$C_E$ 也同时增大而使电压增高,否则转速将下降;要想使电动机负载电流减小,又不使电压增高,也不使转速降低,只能采取另外的措施。

电压平衡关系为

$$U = E + IR_a + \Delta U_b \tag{3-14}$$

式中,$\Delta U_b$ 为一对电刷的接触压降,一般取 $0.5 \sim 2\text{ V}$。

而其机械特性表达为

$$n = \frac{U - \Delta U_b}{C_E \Phi} - \frac{R_a}{C_E C_M \Phi^2} M \tag{3-15}$$

与串激电动机不同的是,主极磁通不是电枢电流的函数,而主要由永磁体磁极产生。

在一定温度下,普通永磁直流电动机的磁通基本上不随负载而变化,这与并励直流电动机相同,故转速随负载转矩的增大而稍微下降,当 $\Phi$ 不变时几乎是一条直线。对应于不同电动机的端电压,机械特性曲线为一组平行直线。

实际上,永磁材料,特别是钕铁硼永磁和铁氧体永磁的磁性能对温度的敏感性很大。如果从冷态(低温环境温度)运行到热态(高温环境温度加温升)运行时温度提高 $100\text{℃}$,则钕铁硼永磁电动机和铁氧体永磁电动机的每极气隙磁通量分别减少约 $12.6\%$ 和 $18\% \sim 20\%$,这将显著影响永磁电动机的运行特性和参数。当永磁直流电动机在同一端电压下运行时,空载转速将分别提高约 $12.6\%$ 和 $18\% \sim 20\%$;在同一电枢电流下运行时,电磁转矩分别减小约 $12.6\%$ 和 $18\% \sim 20\%$;如果再计及电枢电阻随温度升高而增大导致电阻压降增大和电枢反应的去磁作用,则上述变化率还将增大。这是永磁电动机区别于电励磁电动机的特点之一。因此,当永磁电动机设计计算、测试和运行时都要考虑到不同工作温度对运行特性的影响。

## 3.4　永磁直流电动机的设计特点

永磁直流电动机的设计大部分与电励磁直流电动机相同,主要差别在于励磁部分不同及由此而引起的结构类型和参数取值范围的差异,下面主要介绍小功率永磁直流电动机设计中的某些特点。

永磁直流电动机的磁极结构多种多样,磁场分布复杂,计算准确度比电励磁直流电动机低,而且永磁材料本身性能在一定范围内波动,直接影响磁场大小并使电动机性能产生波动而永磁电动机制成后又难以调节其性能。这些都增加了永磁直流电动机设计计算的复杂性。除了采用电磁场数值计算等现代设计方法尽可能提高计算准确性外,设计中还要留有一定的裕度,并充分考虑永磁材料性能波动可能带来的影响。

永磁直流电动机的应用场合极为广泛,不同的使用器具对电动机性能的要求大不一样。有的要求伺服性能好;有的要求价格低廉;有的要求效率高、节能;有的则要求功率密度高、体积小;有的工作环境恶劣;有的则对某项指标要求苛刻。因而,在设计时不论是主要尺寸和电磁负荷的选择,还是绕组和冲片的设计都有很大差异,选择的范围很大,需要针对用户对电动机性能、尺寸和价格的具体要求以及所选用的永磁材料,根据制造厂的现有条件和经验,选择适宜的结构类型和参数值进行多方案分析比较后确定。

### 3.4.1　主要尺寸选择

永磁直流电动机的主要尺寸是指电枢直径 $D_a$ 和电枢计算长度 $l_a$,除了可根据用户实际使用中安装尺寸的要求或参考类似规格电动机的尺寸确定外,它可根据给定的额定数据来选择。

与传统电动机一样,主要尺寸的基本关系式为

$$\frac{D_a^2 l_a}{\dfrac{P_{em}}{n}} = C_A \tag{3-16}$$

其中,电动机常数定义为

$$C_A = \frac{60}{\pi^2 \alpha_a B_a A} \tag{3-17}$$

在实际电动机设计中,式(3-17)中的电磁功率一般根据给定的额定数据按下式估算:

$$P_{em} = \frac{1 + 2\eta_H}{3\eta_H} P_N \tag{3-18}$$

式中,$P_N$ 为额定功率。

电动机长径比 $\lambda = L_a / D_a$ 的选择对电动机的性能、质量、成本有很大影响。在永磁直流电动机设计中,一般取 $\lambda = 0.6 \sim 1.5$,但是对于鱼雷推进电动机,考虑到安装尺寸的限制,一般应取较小值。

结合式(3-18)和式(3-16),可得到电枢直径的估算值。

### 3.4.2　电磁负荷的选择

直流电动机的主要尺寸与所选择的电、磁负荷有密切关系。电励磁直流电动机可根据设计要求和经济性,经过优化或分析比较多种方案,找到最佳的电磁负荷值。永磁电动机则不同,其磁负荷基本上由永磁材料的性能和磁路尺寸决定,在永磁材料和磁极尺寸选定后,磁负荷 $B_a$ 就基本上被决定了,设计时变化范围很小。

电动机的气隙磁密 $B_a$ 主要由所选用的永磁材料的剩余磁密 $B_r$ 决定。初选时可根据永磁材料和磁极结构选取,通常为 $(0.6 \sim 0.85) B_r$。

对于连续运行的永磁直流电动机,一般小型电动机取电负荷 $A = 100 \sim 300\ A/cm$。由于鱼雷推进电动机具有短时、短寿命的特点,因此电负荷可远大于该值。

### 3.4.3　气隙长度选取

永磁电动机的气隙长度 $\delta$ 是影响制造成本和性能的重要设计参数,它的取值范围很宽,在永磁直流电动机设计中选取 $\delta$ 值时,需要考虑多种因素的影响。

从电动机抗去磁能力考虑,较小的 $\delta$ 值对提高抗去磁能力有利,但由于制造和装配工艺的限制,$\delta$ 不能取得太小,而且 $\delta$ 太小还将使电动机的换向性能变坏。气隙长度 $\delta$ 的选取还与所选用的永磁材料的种类有关。一般来说,对于铝镍钴永磁,由于 $H_c$ 较小,抗去磁能力相对较差,$\delta$ 宜取小一些;铁氧体永磁的 $H_c$ 相对较高,$\delta$ 可取大一些;而钕铁硼等稀土永磁的 $H_c$ 很高,$\delta$ 可取更大一些。此外,极数亦是选取 $\delta$ 值时应考虑的一个因素。

### 3.4.4 定子尺寸进择

定子尺寸是机壳尺寸和永磁体尺寸,而永磁体尺寸与永磁体材料种类及磁极结构类型有关。

1. 永磁体尺寸选取

(1) 永磁体磁化方向长度。永磁体磁化方向长度 $h_M$ 与气隙大小有关。由于永磁体是电动机的磁动势源,因此永磁体磁化方向长度的选取首先应从电动机的磁动势平衡关系出发,预估一个初值,再根据具体的电磁性能计算进行调整。$h_M$ 的大小决定了电动机的抗去磁能力,因此还要根据电枢反应去磁情况的校核计算来最终确定 $h_M$ 选择得是否合适。

从磁动势平衡关系出发,对于径向式磁极结构,永磁体磁化方向长度 $h_M$ 的初选值可由下式给出:

$$h_M = \frac{K_s K_\delta b_{m0} \mu_r}{\sigma_0 (1 - b_{m0})} \delta \qquad (3-19)$$

式中,$K_s$ 为外磁路饱和系数;$K_\delta$ 为气隙系数;$\delta$ 为气隙长度;$\sigma_0$ 为空载漏磁系数;$b_{m0}$ 为预估永磁体空载工作点;$\mu_r$ 为永磁材料相对回复磁导率。

对于切向式结构,可将按式(3-19)估算出的值加倍后作为 $h_M$ 的初选值。在 $h_M$ 的具体选择中应注意的选择原则:在保证电动机不产生不可逆退磁的前提下,$h_M$ 应尽可能小,因为 $h_M$ 过大将造成永磁材料的不必要浪费,增加电动机成本。

(2) 永磁体内径 $D_{mi}$:

$$D_{mi} = D_a + 2\delta + 2h_p \qquad (3-20)$$

式中,$h_p$ 为极靴高,对于无极靴磁极结构,$h_p = 0$。

(3) 对于瓦片形结构,永磁体外径 $D_{mo}$:

$$D_{mo} = D_{mi} + 2h_M \qquad (3-21)$$

(4) 永磁体轴向长度一般取电枢长度。

2. 机壳尺寸的选取

氧体或钕铁硼永磁电动机一般采用钢板拉伸机壳。由于机壳是磁路的一部分(定子轭部磁路),因此当选择机壳厚度时要考虑不应使定子轭部磁密 $B_{j1}$ 太高,一般应使 $B_{j1} = 1.5 \sim 1.8$ T,而机壳计算长度一般为 $2 \sim 3$ 倍的电枢长度。

### 3.4.5 电枢冲片设计

1. 槽数 $Q$

一般根据电枢直径 $D_a$ 的大小选取 $Q$,并且通常按奇数槽选择,因为奇数槽能减少由电枢齿产生的主磁通脉动,有利于减小定位力矩。对于小功率永磁直流电动机,其槽数一般为三至十几槽,但亦有 20 多槽的。槽数的选择一般从以下几个方面考虑:

（1）当元件总数一定时，选择较多槽数，可以减少每槽元件数，从而降低槽中各换向元件的电抗电动势，有利于换向；同时槽数增多后，绕组接触铁芯的面积增加，有利于散热。但槽数增多后，槽绝缘也相应增加，使槽面积的利用率降低，而且电动机的制造成本也会有所增加。

（2）如果槽数过多，则电枢齿距 $t_2$ 过小，齿根容易损坏。齿距通常限制为 $D_a < 30$ cm 时 $t_2 > 1.5$ cm；$D_a > 30$ cm 时 $t_2 > 2.0$ cm。

（3）电枢槽数应符合绕组的绕制规则和对称条件。

2. 电枢槽形

一般选择梨形槽、半梨形槽或斜肩圆底槽、平行齿的槽形结构。

对于梨形槽，槽口宽 $h_{02} = 0.2 \sim 0.3$ cm，在保证下线和机械加工方便的条件下，应选小的 $h_{02}$ 值。槽口高 $h_{02} = 0.08 \sim 0.20$ cm，$h_{02}$ 主要从机械强度和冲模寿命两方面考虑，不能取得太小。考虑到电枢齿的机械强度，应使齿宽 $h_{t2} \geqslant 0.1$ cm。应根据电流值和适用的电流密度，选择适当的导线及绝缘规范初定槽面积。

# 第4章 永磁同步电动机

　　永磁同步电动机的运行原理与电励磁同步电动机相同,但它以永磁体提供的磁通替代后者的励磁绕组励磁,使电动机结构较为简单,降低了加工和装配费用,且省去了容易出问题的集电环和电刷,提高了电动机运行的可靠性。又因无须励磁电流,所以永磁同步电动机省去了励磁损耗,提高了电动机的效率和功率密度。

　　永磁同步电动机分类方法比较多:按工作主磁场方向的不同,可分为径向磁场式和轴向磁场式;按电枢绕组位置的不同,可分为内转子式(常规式)和外转子式;按转子上有无启动绕组,可分为无启动绕组的电动机(用于变频器供电的场合,利用频率的逐步升高而启动,并随着频率的改变而调节转速,常称为调速永磁同步电动机)和有启动绕组的电动机(既可用于调速运行又可在某一频率和电压下利用启动绕组所产生的异步转矩启动,常称为异步启动永磁同步电动机);按供电电流波形的不同,可分为矩形波永磁同步电动机和正弦波永磁同步电动机。

## 4.1　永磁同步电动机基本理论

### 4.1.1　电压方程

　　正弦波永磁同步电动机(以下简称永磁同步电动机)与电励磁凸极同步电动机有着相似的内部电磁关系,故可采用双反应理论来研究。需要指出的是,由于永磁同步电动机转子直轴磁路中永磁体的磁导率很小(对稀土永磁来说,其相对回复磁导率约为1),使得电动机直轴电枢反应电感一般小于交轴电枢反应电感,分析时应注意其异于电励磁凸极同步电动机的这一特点。

　　电动机稳定运行于同步转速时,根据双反应理论可写出永磁同步电动机的电压方程:

$$\dot{U} = \dot{E}_0 + \dot{I}_1 R_1 + j\dot{I}X_1 + j\dot{I}_d X_{ad} + j\dot{I}_q X_{aq} = \dot{E}_0 + \dot{I}_1 R_1 + j\dot{I}_d X_d + j\dot{I}_q X_q \qquad (4-1)$$

式中,$\dot{E}_0$ 为永磁气隙基波磁场所产生的每相空载反电动势有效值;$\dot{U}$ 为外施相电压有效值;$\dot{I}_1$ 为定子相电流有效值;$R_1$ 为定子绕组相电阻;$X_{ad}$ 和 $X_{aq}$ 分别为直、交轴电枢反应电抗;$X_1$ 为定子漏抗;$X_d$ 为直轴同步电抗,可表达为

$$X_d = X_{ad} + X_1 \qquad (4-2)$$

$X_q$ 为交轴同步电抗,可表达为

$$X_q = X_{aq} + X_1 \qquad (4-3)$$

$\dot{I}_d$ 和 $\dot{I}_q$ 分别为直、交轴电枢电流,表达为

$$\dot{I}_d = I_1 \sin\psi \qquad (4-4)$$

$$\dot{I}_q = I_1 \cos\psi \qquad (4-5)$$

其中,$\psi$ 为 $\dot{I}_1$ 与 $\dot{E}_0$ 间的夹角,称为内功率因数角,$\dot{I}_1$ 超前 $\dot{E}_0$ 时为正。

### 4.1.2　工作特性曲线

由电压方程可画出永磁同步电动机在不同情况下稳定运行时的几种典型相量图,如图 4-1 所示。图中,$\dot{E}_\delta$ 为气隙合成基波磁场所产生的电动势,称为气隙合成电动势;$\dot{E}_d$ 为气隙合成基波磁场直轴分量所产生的电动势,称为直轴内电动势;$\theta$ 为 $\dot{U}$ 超前 $\dot{E}_0$ 的角度,即功率角,也称转矩角;$\varphi$ 为电压 $\dot{U}$ 超前定子相电流 $\dot{I}_1$ 的角度,即功率因数角。

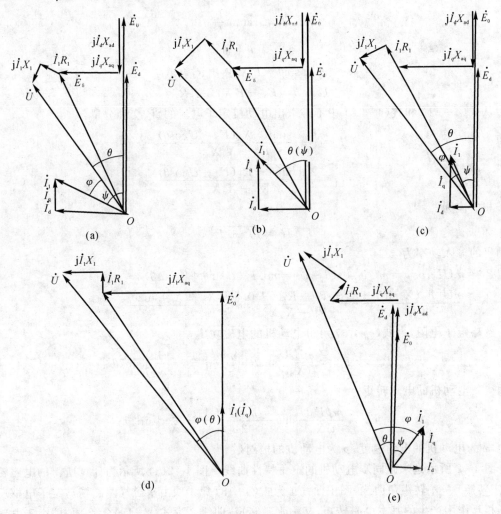

图 4-1　永磁同步电动机几种典型相量图

图 4-1(a)(b) 和 (c) 中的电流 $\dot{I}_1$ 均超前于空载反电动势 $\dot{E}_0$,直轴电枢反应均为去磁性质,导致电动机直轴内电动势 $\dot{E}_d$ 小于空载反电动势 $\dot{E}_0$。图 4-1(e) 中电流 $\dot{I}_0$ 滞后于 $\dot{E}_0$,此时直轴电枢反应为增磁性质,导致直轴内电动势 $\dot{E}_d$ 大于 $\dot{E}_0$。图 4-1(d) 所示为直轴增、去磁临界状态($\dot{I}_1$ 与 $\dot{E}_0$ 同相)下的相量图,由此可列出如下电压方程:

$$U\cos\theta = E'_0 + I_1 R_1 \tag{4-6}$$

$$U\sin\theta = I_1 X_q \tag{4-7}$$

从而可以求得直轴增、去磁临界状态时的空载反电动势:

$$E'_0 = \sqrt{U^2 - (I_1 X_q)^2} - I_1 R_1 \tag{4-8}$$

式(4-8)可用于判断所设计的电动机是运行于增磁状态还是运行于去磁状态。实际 $E_0$ 值由永磁体产生的空载气隙磁通算出,比较 $E_0$ 与 $E'_0$,如果 $E_0$ 较大,则电动机将运行于去磁工作状态,反之将运行于增磁工作状态。从图4-1还可看出,要使电动机运行于单位功率因数(见图4-1(b))或容性功率因数状态(见图4-1(a)),只有设计在去磁状态时才能达到。

从图4-1可得出如下关系:

$$\psi = \arctan \frac{I_d}{I_q} \tag{4-9}$$

$$\varphi = \theta - \psi \tag{4-10}$$

$$U\sin\theta = I_q X_q + I_d R_1 \tag{4-11}$$

$$U\cos\theta = E_0 - I_d X_d + I_q R_1 \tag{4-12}$$

从式(4-11)和式(4-12)中不难求出电动机定子电流的直、交轴分量:

$$I_d = \frac{R_1 U\sin\theta + X_q(E_0 - U\cos\theta)}{R_1^2 + X_d X_q} \tag{4-13}$$

$$I_q = \frac{X_d U\sin\theta - R_1(E_0 - U\cos\theta)}{R_1^2 + X_d X_q} \tag{4-14}$$

定子相电流为

$$I_1 = \sqrt{I_d^2 + I_q^2} \tag{4-15}$$

电动机的输入功率为

$$P_1 = mUI_1\cos\varphi = mUI_1\cos(\theta - \psi) = mUI_1(I_d\sin\theta + I_q\cos\theta) =$$
$$\frac{mU[E_0(X_q\sin\theta - R_1\cos\theta) + R_1 U + 0.5U(X_d - X_q)\sin2\theta]}{R_1^2 + X_d X_q} \tag{4-16}$$

忽略定子电阻,由式(4-16)可得电动机的电磁功率:

$$P_{em} \approx P_1 \approx \frac{mE_0 U}{X_d}\sin\theta + \frac{mU^2}{2}\left(\frac{1}{X_d} - \frac{1}{X_q}\right)\sin2\theta \tag{4-17}$$

进而得到电动机的电磁转矩:

$$T_{em} = \frac{mpE_0 U}{\omega X_d}\sin\theta + \frac{mpU^2}{2\omega}\left(\frac{1}{X_d} - \frac{1}{X_q}\right)\sin2\theta \tag{4-18}$$

式中,$\omega$ 为电动机的电角速度;$p$ 为电动机的极对数。

图4-2所示是永磁同步电动机的矩角特性曲线。图4-2(a)所示为计算所得的电磁转矩(额定转矩)——转矩角曲线,图中曲线1为式(4-18)第1项由永磁气隙磁场与定子电枢反应磁场相互作用产生的基本电磁转矩,又称永磁转矩;曲线2为式(4-18)第2项,即由于电动机 $d$,$q$ 轴磁路不对称而产生的磁阻转矩;曲线3为曲线1和曲线2的合成。由于永磁同步电动机直轴同步电抗一般小于交轴同步电抗,磁阻转矩为一负正弦函数,因而矩角特性曲线上转矩最大值所对应的转矩角大于90°,而不像电励磁同步电动机那样小于90°,这是永磁同步电动机一个值得注意的特点。

计算出电动机的 $E_0$,$X_d$,$X_q$ 和 $R_1$ 等参数后,给定一系列不同的转矩角 $\theta$,便可求出相应的输入功率、定子相电流和功率因数等,然后求出电动机此时的损耗,便可得到电动机的输出功率 $P_2$ 和效率 $\eta_H$,从而得到电动机稳态运行性能($P_1$,$\eta_H$,$\cos\varphi$,$I_1$ 等)与输出功率 $P_2$ 之间的关系曲线,即电动机的工作特性曲线。

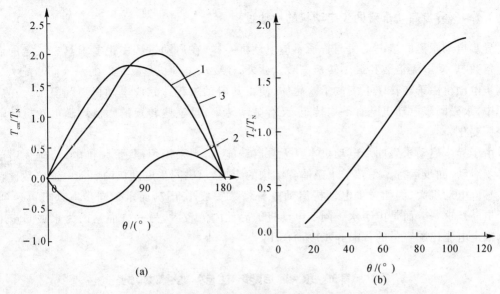

图 4 - 2　永磁同步电动机的矩角特性

（a）计算曲线；　（b）某电动机的实测曲线

### 4.1.3　损耗分析

永磁同步电动机稳态运行时的损耗包括下列 4 项。

**1. 定子绕组电阻损耗**

电阻损耗可按常规公式计算：

$$P_{Cu} = mI_1^2 R_1 \tag{4-19}$$

**2. 铁芯损耗**

永磁同步电动机的铁芯损耗不仅与电动机所采用的硅钢片材料有关,而且随电动机的工作温度和负载大小的改变而变化。这是因为电动机温度和负载的变化导致电动机中永磁体工作点改变,定子齿、轭部磁密也随之变化,从而影响到电动机的铁芯损耗。工作温度越高、负载越大,定子齿、轭部的磁密越小,电动机的铁芯损耗越小。

永磁同步电动机铁芯损耗的准确计算非常困难。这是因为永磁同步电动机定子齿、轭磁通密度饱和严重,且磁通谐波含量非常丰富。工程上常采用与感应电动机铁芯损耗计算类似的公式,然后根据实验值进行修正。

**3. 机械损耗**

永磁同步电动机的机械损耗与其他电动机一样,与所采用的轴承、润滑剂、冷却风扇和电动机的装配质量等有关,其机械损耗可根据实测值或参考其他电动机机械损耗的计算方法计算。

**4. 杂散损耗**

永磁同步电动机杂散损耗目前还没有一个准确实用的计算公式,一般均根据具体情况和经验取定。随着负载的增加,电动机电流随之增大,杂散损耗近似随电流的二次方关系增大。

### 4.1.4 异步启动永磁同步电动机的启动过程

异步启动永磁同步电动机与普通感应电动机一样,在启动过程中也要求具有一定的启动转矩倍数、启动电流倍数和最小转矩倍数。此外,还要求电动机具有足够的牵入同步能力。永磁同步电动机由于在转子上安放了永磁体,使得其启动过程比感应电动机更为复杂。在启动过程中,永磁同步电动机既有平均转矩,又有脉动转矩,且这些转矩的幅值均随电动机转速的改变而变化。

由于异步启动永磁同步电动机本身无自启动能力,当采用恒压、恒频供电时,应采用鼠笼条异步启动、同步运行。受转子永磁体和结构的影响,永磁同步电动机的启动电流倍数比普通异步感应电动机大,例如异步电动机启动电流倍数一般小于7,而永磁同步电动机可达到10甚至更高。这一方面是由于永磁同步电动机的启动电流较大,另一方面是因为永磁同步电动机的额定电流比同容量的普通异步电动机小。

## 4.2 调速永磁同步电动机基本理论

### 4.2.1 调速永磁同步电动机基本理论

永磁同步电动机在开环控制情况下调速运行时,不需要位置传感器和速度传感器,只要改变供电电源的频率便可调节电动机的转速,比较简单。

变频器供电的永磁同步电动机加上转子位置闭环控制系统便构成了自同步永磁电动机,其中反电动势波形和供电电流波形都是矩形波的电动机,称为矩形波永磁同步电动机,又称无刷直流电动机。而反电动势波形和供电电流波形都是正弦波的电动机,称为正弦波永磁同步电动机。

矩形波永磁同步电动机是在有刷直流电动机的基础上发展起来的,其内部发生的电磁过程与普通直流电动机类似,因此可用类似于有刷直流电动机的分析方法进行分析。下面以表面式转子磁路结构的永磁同步电动机为例来说明其运行原理。

分析时对理想的矩形波永磁同步电动机作如下假设:

(1)永磁体在气隙中产生的磁通密度呈矩形波分布,在空间占180°(电角度);

(2)电枢反应磁场很小,可以忽略不计;

(3)定子电流为三相对称120°(电角度)的矩形波,定子绕组为60°相带的集中整距绕组。

图4-3所示为理想矩形波永磁同步电动机的气隙磁密、反电动势和相电流示意图。在理想情况下,由于供电电流波形为矩形波气隙磁密与矩形波定子电流相互作用,三相合成产生恒定的电磁转矩,不会产生转矩纹波。或者说,由于供电电流波形为矩形波,为了减小转矩纹波,永磁同步电动机的气隙磁密波形也应该呈矩形波分布。表面式转子磁路结构永磁同步电动机容易得到矩形波分布的气隙磁密,而且通过调节气隙中永磁体所跨的角度可方便地改变气隙磁密波形,这就是表面式转子磁路机构通常为矩形波永磁同步电动机所采用的原因。由于饱和的影响和其他一些因素,电动机的气隙磁密波形并不是理想的矩形波,电动机的电磁转矩中也含有纹波转矩,因此实际设计时需借助于有限元数值计算等方法对气隙磁密的实际波形进行分析计算。

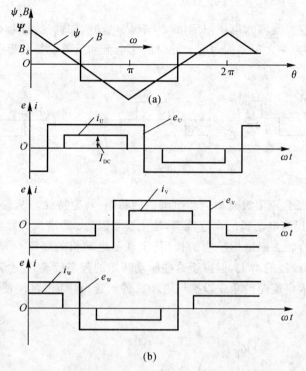

图 4-3　理想矩形波永磁同步电动机的气隙磁密、反电动势和相电流

图 4-4 所示即为一台矩形波永磁同步电动机的电磁转矩和相反电动势波形的数值计算结果,例中的电动机每极下的永磁体占有 152°(电角度)的极弧角。矩形波永磁同步电动机中,当永磁体所跨的极弧角小于 180°(电角度)时,随着极弧角的增大,电动机的平均转矩也单调增大,但电动机的纹波转矩含量与极弧角的关系则较为复杂,因此设计极弧角时应同时考虑这两个因素,以降低电磁转矩中的纹波含量,提高平均转矩。

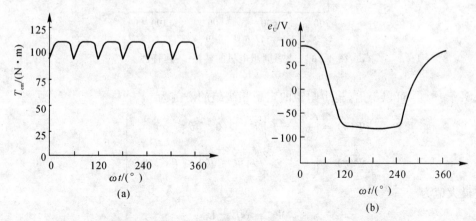

图 4-4　永磁同步电动机的电磁转矩和相反电动势波形的数值计算结果

与有刷直流电动机一样,当电动机电枢磁动势与永磁体产生的气隙磁密正交时电动机转矩达最大值。换句话说,只有当电流与反电动势同相时电动机才能得到单位电流转矩的最

大值。

实际上,为了在逆变器输入电压限定情况下扩展电动机的调速范围,在电动机运行的高速区常使电流超前角 $\alpha$ 为一大于零的角度。此时的相电流和反电动势波形示于图 4-5。

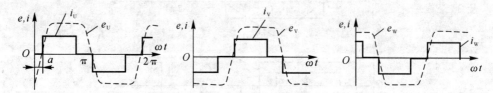

图 4-5　相电流和反电动势波形

图 4-6 所示为某台矩形波永磁同步电动机的转矩-转速特性。从图中可以看出,电流超前角 $\alpha$ 的增大可显著提高电动机的调速范围,这主要是因为 $\alpha$ 的增大实际上意味着电动机直轴去磁电流的增大,而直轴去磁电枢反应的作用,实现了电动机的弱磁。理论分析表明,$\alpha$ 的增大也导致电动机转矩纹波的增大,但由于这些脉动转矩的频率较高,不会对电动机的运行产生大的影响。此外,增大电流超前角 $\alpha$ 以扩展电动机的调速范围时,将使使电动机的电流增大,温度有所提高。

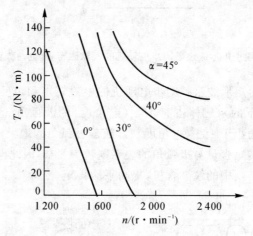

图 4-6　永磁同步电机的转矩-转速特性

从图 4-3(a) 可以得出,集中整距的定子相绕组的磁链为

$$\left.\begin{aligned}\Psi(\theta) &= \left(1 - \frac{2}{\pi}\theta\right)\Psi_{\mathrm{m}} \quad (0 \leqslant \theta \leqslant \pi) \\ \Psi(\theta) &= \left(-3 + \frac{2}{\pi}\theta\right)\Psi_{\mathrm{m}} \quad (0 \leqslant \theta \leqslant 2\pi)\end{aligned}\right\} \tag{4-20}$$

而磁链最大值为

$$\Psi_{\mathrm{m}} = NB_{\delta}\tau_{l}L_{\mathrm{a}} \tag{4-21}$$

式中,$N$ 为定子绕组每相串联匝数;$B_{\delta}$ 为永磁体产生的气隙磁密。

由式(4-20)可得一相定子绕组中感应的反电动势:

$$E_{\mathrm{a}} = \left|\frac{\mathrm{d}\Psi}{\mathrm{d}t}\right| = \left|\frac{\mathrm{d}\Psi}{\mathrm{d}\theta}\frac{\mathrm{d}\theta}{\mathrm{d}t}\right| = \frac{2}{\pi}\Psi_{\mathrm{m}}\omega \tag{4-22}$$

由于在任一时刻电动机绕组仅有两相通电,且理想电动机的相电流与相应的相反电动势同相,因而可得电动机的电磁转矩为

$$T_{em} = 2E_a I_{DC} \frac{p}{\omega} = \frac{4}{\pi} p \Psi_m I_{DC} \tag{4-23}$$

由于电动机电流换相时间很短,且换相时在定子绕组电感上的电压降可忽略不计,因而在理想情况下,稳态时电动机的电压方程可写为

$$U = 2RI_{DC} + 2E_a = 2R_1 I_{DC} + \frac{4}{\pi} \Psi_m \omega \tag{4-24}$$

式中,$R_1$ 为电动机定子绕组相电阻;$U$ 为电动机端电压。

由式(4-23)和式(4-24)可得电动机的转矩-转速特性为

$$\omega = \omega_0 \left(1 - \frac{T_{em}}{T_{emk}}\right) \tag{4-25}$$

式中

$$\omega_0 = \frac{\pi U}{4\Psi_m}, \quad T_{emk} = \frac{4}{\pi} p \Psi_m I_k, \quad I_k = \frac{U}{2R_1}$$

从式(4-25)可以看出,改变最大磁链和端电压便可调节矩形波永磁同步电动机的转速。这与理想情况下的直流电动机非常相似。这正是矩形波电流控制的永磁同步电动机被称为无刷直流电动机的缘故。改变电动机端电压可由逆变器实现。当电动机电流超前角不为零,即 $\alpha \neq 0$ 时,电动机最大磁链将减小,转速可以提高,而转矩将减小。

### 4.2.2　矩形波永磁同步电动机的调速运行和控制

1. 矩形波电流控制系统

图 4-7 所示为一个典型的矩形波电流控制永磁同步电动机传动系统,它由永磁同步电动机、逆变器、位置传感器和控制系统 4 部分组成。

典型的控制系统包括位置控制器、速度控制器和电流(转矩)控制器。用于矩形波电流控制的位置传感器通常沿电动机转子表面两个极距提供 6 个位置信息,互相错开 60°(电角度),每个位置信息触发逆变器中的一个功率晶体管,使之在 120°(电角度)内导通,如图 4-8 所示。

图 4-8(a)中,位置信息 $P(U^+)$ 和 $P(U^-)$ 分别控制功率晶体管 $VT_1$ 和 $VT_6$ 的导通,即分别提供 $U$ 相绕组的正、负电压(电流);$P(V^+)$ 和 $P(V^-)$ 分别使 $VT_3$ 和 $VT_4$ 导通,从而分别提供 $V$ 相绕组的正、负电压(电流);$P(W^+)$ 和 $P(W^-)$ 分别控制 $VT_5$ 和 $VT_2$ 的导通,分别提供 $W$ 相的电压(电流)。在任一时刻,只有两只晶体管(两相)导通。例如,在 $\pi/6 \sim \pi/2$ 之间,$VT_1(U^+)$ 和 $VT_4(U^-)$ 导通,其空间合成矢量如图 4-8(b)中 $VT_4 VT_1$ 所示。当 $\pi/2$ 时,$P(W^-)$ 触发功率晶体管 $VT_2$ 导通,$VT_4$ 关断,在 $\pi/2 \sim 5\pi/6$ 之间,$VT_1(U^+)$ 和 $VT_2(W^-)$ 导通,其空间合成矢量如图 4-8(b)中 $VT_1$ 和 $VT_2$ 所示。从而电动机定子绕组在气隙中形成了理想的以 60°(电角度)跳跃的磁动势矢量,如图 4-8(b)所示。这与由对称的三相正弦波电压供电的三相交流电动机中的旋转磁动势(行波)有点类似。正是这个以跳跃形式旋转的磁动势带动电动机转子,使之与定子磁动势以相同的转速旋转。从图 4-8(a)还可看出,串联两相合成的定子磁动势在转子旋转 60°(电角度)期间是静止的,而且滞后于正向导通的相磁动势(电流)30°。如果使触发功率晶体管 $VT_1$ 的位置信息位于 $U$ 相轴线后 90°产生,则功率角将在 60°~120°变动,平均值为 90°。

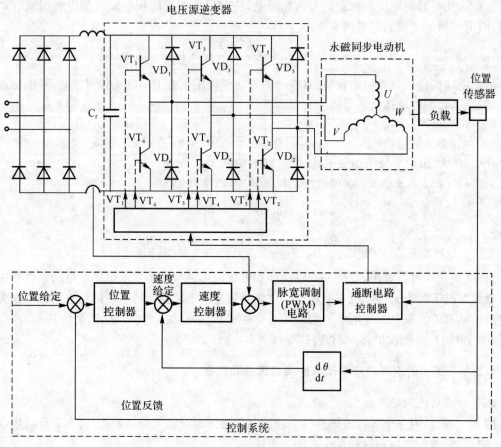

图 4-7　矩形波电流控制永磁同步电动机的传动系统

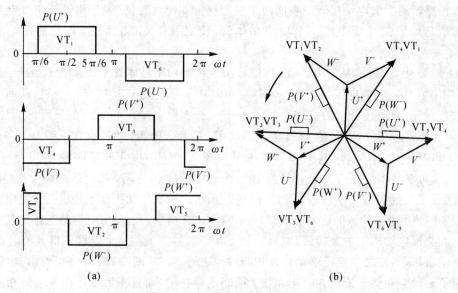

(a)　　　　　　　　　　　　　　　　(b)

图 4-8　矩形波电流控制示意图

(a) 位置信息；　(b) 定子电流

**2. 开-关（斩波）矩形波电流控制器**

在图 4-8 中，位置传感器所提供的位置信息分别使对应相的晶体管导通 120°（电角度），由于系统使用的是电压源逆变器，当晶体管导通时直流电压直接加到电动机的绕组上。幅值为 $I_{DC}$ 的矩形波电流可以通过如图 4-7 所示的控制晶体管通-断的脉宽调制（PWM）电路来实现。

如前所述，通过位置传感器的有关信息，对应相的定子绕组开始通电和终止通电。在由位置传感器决定的开始通电期间，当绕组中的电流上升到最大值 $I_{max}$ 时电源断开，而当绕组中的电流下降至最小值 $I_{mix}$ 时电源又接通，使电流又开始上升，因此，在由位置传感器决定的通电期间内（对任一相均为 120° 电角度），电动机绕组中的电流在最大值 $I_{max}$ 和最小值 $I_{min}$ 之间呈锯齿形变化（见图 4-9），其间电源的导通与关断的时间间隔 $t_{on}$ 和 $t_{off}$ 由脉宽调制电路来控制，而脉宽调制电路的输入信号为电流指令值 $I_{DC}^*$ 与逆变器实测电流之间的误差。

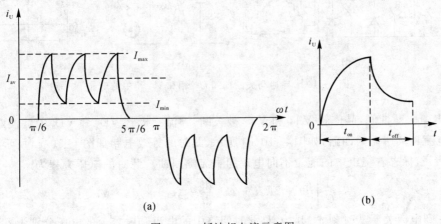

(a)　　　　　　　　　　　　　　　　　(b)

图 4-9　斩波相电流示意图

以下具体分析通电、断电期间的逆变器 —— 电动机方程。在通电期间，以晶体管 $VT_1$ 和 $VT_4$ 导通期间为例，如图 4-10 所示，电流流过串联的 $U^+$ 相和 $V^-$ 相绕组，等效电路如图 4-10(b) 所示，图中 $e_U$ 和 $e_V$ 为两相绕组中的感应电动势，$R_1$ 和 $L_1$ 分别为每相绕组的电阻和漏电感。此时的电压方程为

$$U = 2R_1 i + 2L_1 \frac{\mathrm{d}i}{\mathrm{d}t} + (e_U - e_V) \tag{4-26}$$

而

$$e_U - e_V = 2e_U = E_0 \tag{4-27}$$

当电动机以恒定转速旋转时，$E_0$ 为常数。在 120°（电角度）导电期间，电动机绕组的线电动势保持不变（忽略换向对 $E_0$ 的影响），但在 60°（电角度）换向时，线电动势由 $e_U - e_V$ 变为 $e_U - e_W$。假设电流 $i_U$ 和 $i_V$ 均为理想的矩形波，且零时刻电流为最小值 $I_{min}$，则式（4-26）可解得通电期间电动机的电流为

$$i(t) = \frac{U - E_0}{2R_1}(1 - \mathrm{e}^{-tR_1/L_1}) + I_{min} \mathrm{e}^{-tR_1/L_1} \quad (0 \leqslant t \leqslant t_{on}) \tag{4-28}$$

从式（4-28）可以看出，在电流导通期间，为使电流从 $I_{min}$ 上升到 $I_{max}$，要求 $U > E_0$。

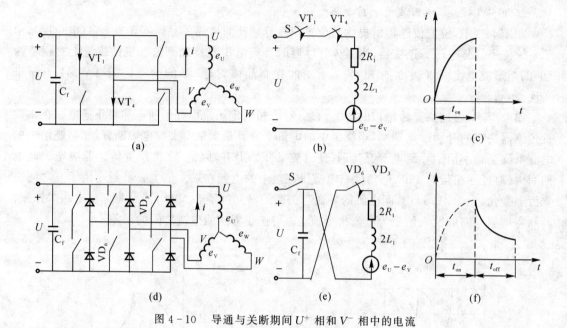

图 4-10　导通与关断期间 $U^+$ 相和 $V^-$ 相中的电流

在电流关断期间,晶体管 $VT_1$ 和 $VT_4$ 被关断,续流二极管 $VD_6$ 和 $VD_3$ 及滤波电容 $C_f$ 构成保持电流连续所需的回路,如图 4-10(d)所示,此时的等效电路如图 4-10(e)所示。图中的开关 S 断开,标志着绕组中的能量不向电源的直流侧回馈。此时的电压方程为

$$\frac{1}{C_f}\int i\,dt + 2R_1 i + 2L_1\frac{di}{dt} + (e_U - e_V) = 0 \tag{4-29}$$

考虑到电流关断从时刻 $t_{on}$ 开始,且此时回路中的电流和电容上的电压分别为

$$i = I_{max} \tag{4-30}$$

$$U_C = U \tag{4-31}$$

因此,可从式(4-29)解得绕组中的电流为

$$\left.\begin{array}{l} i(t) = -\dfrac{E_0+U}{2\omega_1 L_1}e^{-\alpha_1 t}\sin\omega_1 t - I_{max}\dfrac{\omega_0}{\omega_1}e^{-\alpha_1 t}\sin(\omega_1 t-\varphi) \quad (\alpha_1 < \omega_0) \\[2mm] i(t) = \{I_{max} + [\alpha_1^2 C_f(E_0+U) - \alpha_1 I_{max}]t\}e^{-\alpha_1 t} \quad (\alpha_1 = \omega_0) \\[2mm] i(t) = \dfrac{r_1 I_{max} + \omega_0^2 C_f(E_0+U)}{2\omega_2}e^{r_1 t} - \dfrac{r_2 I_{max} + \omega_0^2 C_f(E_0+U)}{2\omega_2}e^{r_2 t} \quad (\alpha_1 > \omega_0) \end{array}\right\} \tag{4-32}$$

式中

$$\omega_0 = \sqrt{\frac{1}{2L_1 C_f}}$$

$$\alpha_1 = \frac{R_1}{2L_1}$$

$$\omega_1 = \sqrt{\omega_0^2 - \alpha_1^2} \quad (\alpha_1 < \omega_0)$$

$$\varphi = \arctan\left(\frac{\omega_1}{\alpha_1}\right)$$

$$\omega_2 = \sqrt{\alpha_1^2 - \omega_0^2} \quad (\alpha_1 > \omega_0)$$

$$r_1 = -\alpha_1 + \omega_2$$
$$r_2 = -\alpha_1 - \omega_2$$

通过调节绕组通电和断电的时间,便可得到所要求的平均电流 $I_{av}$ ($I_{av} = I_{DC}^*$) 和电磁转矩 $T_{em}$ ,$T_{em}$ 的计算式为

$$T_{em}(t) = \frac{(e_U - e_V)i(t)}{\Omega} = \frac{p(e_U - e_V)i(t)}{\omega} = \frac{\pi}{3}E_0 i(t)\sin\left(\frac{2\pi}{3} - \omega t\right) \tag{4-33}$$

式中,$\omega$ 为电动机转子电角速度,与机械角速度 $\Omega$ 的关系为 $\omega = p\Omega$。

将由式(4-28)和式(4-32)求得的 $i(t)$ 代入式(4-33),即可得到在开、关(斩波)矩形波电流控制下的电动机的电磁转矩。

一般来说,电动机采用斩波控制时电流的通断会导致转矩的脉动,但由于电流斩波所造成脉动转矩的频率较高,通过合理的设计,脉动的影响基本上可以得到抑制。

电流斩波控制的运行方式通常用于电动机转速较低的情况,这是由于当电动机转速很高时,感应电动势很高,使得逆变器的电压几乎不能在绕组导通期间使电流上升。因此,为扩展电动机的转速范围,高速时需增加电流中的去磁分量,即令电流超前角 $\alpha > 0$。

# 第5章 变流器

早期的鱼雷推进电动机与电源的连接采用接触器的方式,如图 5-1 所示,这种方式无法构成闭环控制模式,且在航行中难以换向。随着电力电子器件的高速发展,斩波、逆变技术已经非常成熟,采用这些技术后,鱼雷航行中变速的问题得以方便地解决,且便于构成高级的控制系统,这极大地提高了航速的稳定性、发挥鱼雷的战技性能。

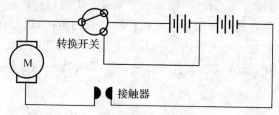

图 5-1　不同速制下的供电简图

## 5.1　DC-DC 变流器

DC-DC 变流电路广泛应用于可调整直流开关电源和直流电动机驱动中。DC-DC 变流电路的功能是通过控制电压将不控的直流输入变为可控的直流输出,通常把这种电路称为斩波电路或斩波器。常用的 DC-DC 变流电路有 5 种:降压式变流电路、升压式变流电路、升降压式变流电路、库克式变流电路和全桥式变流电路。其中,降压式和升压式是基本类型,升降压式和库克式是它们的组合,而全桥式则属于降压式类型。

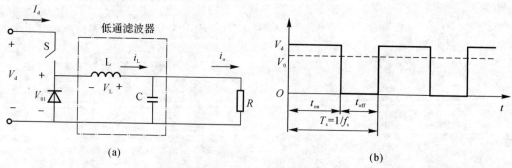

图 5-2　降压式变流电路及其波形
(a)降压式变流电路;　(b)波形

降压式变流电路的输出电压平均值低于输入直流电压 $V_d$,电路基本形式如图 5-2(a)所示。图 5-2(b)所示为相应的波形图。由图 5-2(b)可以看出,输出电压与开关状态有关。可由开关的占空比计算出输出电压的平均值 $V_0$:

$$V_0 = \frac{t_{\text{on}}}{T_s} V_d = D V_d \qquad (5-1)$$

式(5-1)说明,可以利用占空比 $D$ 的变化来控制输出电压平均值 $U_d$。但是,仅仅这种原理性的电路还有一些问题,实际负载多为电感性,即使是电阻负载也会有寄生电感,这意味着开关将要吸收或放出电感能量,它可能因此而遭损坏,为此需采用中间储能环节。

处理电感储能的问题,可以用图 5-2(a) 中的续流二极管解决。在开关 S 导通期间,该二极管处于反向偏置状态,由输入提供的能量加到负载和电感、电容上。在开关断开期间,电感中的反电动势使二极管承受正向电压,并通过二极管构成电流通路,将电感中储存的能量传送给负载。这样,经电感、电容组成的低通滤波器滤波后,输出电压的波动很小。图 5-2(b) 所示为输入电压 $V_{\text{on}}$ 的波形及其直流分量 $V_0$(图中虚线)。

输入电压 $V_d$ 不变时,流过电感的电流随负载而变化,当负载电流较大时,电感中的电流始终保持连续;而当负载电流较小时,电感中的电流将出现断续的情况,这种情况下多用直流电动机的速度控制,输入电压 $V_d$ 保持不变,通过调整变流器的占空比来改变输出电压 $V_0$,从而改变直流电动机的速度。此时电感的电压、电流波形如图 5-3 所示。

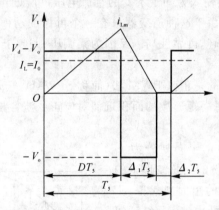

图 5-3　电流不连续时的电流、电压波形

从图 5-3 中可以看出,在 $\Delta_2 T_s$ 期间,电感电流为零,已无法向负载提供能量,此时负载上的功率是通过滤波电容提供的。在 $\Delta_2 T_s$ 这段时间内,电感上的电压也为零。为了求得输出电压 $V_0$,首先要找出 $\Delta_1$ 与电路参数的关系,因为电感上的电压在一周期内的积分为零,可列出下式:

$$(V_d - V_0) D T_s + (-V_0) \Delta_1 T_s = 0 \qquad (5-2)$$

故有

$$D + \Delta_1 = \frac{V_d}{V_0} D \qquad (5-3)$$

式中,$D + \Delta_1 < 1$。

从图 5-3 可以看出

$$i_{\text{LM}} = \frac{V_0}{L} \Delta_1 i T_s \qquad (5-4)$$

因此,平均电流为

$$I_0 = i_{\text{LM}} \frac{D + \Delta_1}{2} \qquad (5-5)$$

将式(5-3)、式(5-4)代入式(5-5),得

$$\Delta_1 = \frac{2I_0 L}{V_d T_s D} \tag{5-6}$$

将式(5-6)代入式(5-3),得到输出电压$V_0$与$V_d$的关系:

$$\frac{V_0}{V_d} = \frac{D^2}{D^2 + \dfrac{2I_0 L}{V_d T_s}} \tag{5-7}$$

## 5.2  脉冲宽度调制(PWM)技术

脉冲宽度控制技术,简称 PWM(Pulse Width Modulation)技术。PWM 技术可以极其有效地进行谐波抑制,在频率、效率等方面有着明显的优点,使逆变电路的技术性能与可靠性能得到了明显的提高。所谓 PWM 技术,就是在周期不变的条件下,利用脉冲波形的宽度(或用占空比表示),甚至可以将脉冲波形斩切为若干段,以达到抑制谐波目的的一种方法。采用 PWM 方式构成的逆变器,其输入为固定不变的直流电压,可以通过 PWM 技术在同一逆变器中既实现调压又实现调频。由于这种逆变器只有一个可控的功率级,简化了主回路和控制回路的结构,因而体积小,质量轻,可靠性高。又因为集调压、调频于一身,所以调节速度快、系统的动态响应好。

在工程实际中应用最多的是正弦 PWM 法(简称 SPWM),它是在每半个周期内输出若干个宽窄不同的矩形脉冲波,每一矩形波的面积近似对应正弦波各相应局部波形下的面积,如图5-4所示。

例如,将一个正弦波的正半周划分为 $N$ 等份(图中 $N=12$),每一等份的正弦波形下的面积可用一个与该面积相等的矩形来代替,于是正弦波形所包围的面积可由这 $N$ 个等幅($V_d$)不等宽的矩形脉冲面积之和来等效。各矩形脉冲的宽度可由理论计算得出,但在实际应用中常由正弦调制波和三角形载波相比较的方式来确定脉宽。因为等腰三角形波的宽度自上向下是线性变化的,所以当它与某一光滑曲线相交时,可得到一组幅值不变而宽度正比于该曲线函数值的矩形脉冲。若使脉冲宽度与正弦函数值成比例,则也可生成 SPWM

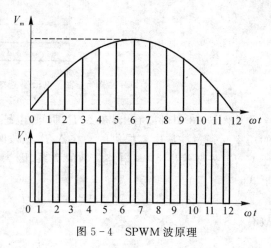

图 5-4  SPWM 波原理

波形。在工程应用中感兴趣的是基波,假定矩形脉冲的幅值 $V_d$ 恒定,半周期内的脉冲数 $N$ 也不变,通过理论分析可知,其基波的幅值 $V_m$ 与脉冲 $\delta_i$ 有线性关系,如下式所示:

$$V_{1m} = \frac{4}{\pi} V_d \sum_{i=1}^{N} \left[ \sin\left( \frac{2i-1}{2} \frac{\pi}{2} \right) \frac{\delta_i}{2} \right] \tag{5-8}$$

式(5-8)说明,逆变器输出基波电压幅值随调制脉冲的宽度而变化,只要采取措施,利用控制信号去调节脉宽 $\delta_i$,即可调节基波幅值。半周期内的脉冲数 $N$ 越多,谐波抑制效果越显著;但 $N$ 值将受到换流电路中为减少额外损耗和保证安全换流所允许的最大换流速率以及最

小脉宽、最小间隙的限制。

　　除上述两种方法外,实现 PWM 的方法还有最
小纹波电流法、自适应电流控制法、相移法等。其
中以 SPWM 方式应用最广,其控制方法又可分为
多种。从实现的途径来看,可分为硬件电路与软件
编程两种类型。

　　图 5-5 展示出了一种 SPWM 的工作原理,载
波信号 $v_T$ 采用单极性等腰三角形波,控制信号 $v_C$
为正弦波形,利用倒相信号 $v_x$ 来处理二者间的配合
关系。当 $v_C > v_T$ 时,元件开通;当 $v_C < v_T$ 时,元件
关断,形成的调制波是等幅、等距但不等宽的脉冲
列,经半波倒相后输出。改变控制信号 $v_C$ 的幅值
时,调制波的脉宽将随之改变,从而改变了输出电
压的大小。如果改变控制信号 $v_C$ 的频率,则输出电

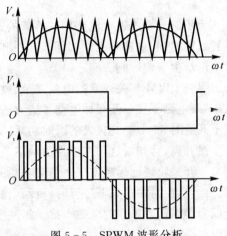

图 5-5　SPWM 波形分析

压的基波频率亦随之而改变,这样就实现了既可调压又可调频的目的。

# 5.3　PWM DC - AC 逆变器

　　在 PWM 电路中,电力半导体器件都是在高电压下开通,大电流时关断,处于强迫开关过
程中,因此又称其为硬性开关。这种电路结构简单、输出波形良好,因而获得了广泛的应用。
例如图 5-6 所示的直流斩波器和图 5-7 所示的三相逆变器。

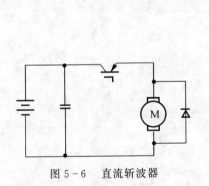

图 5-6　直流斩波器

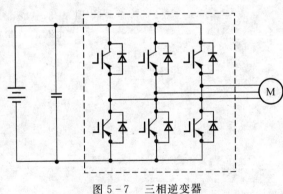

图 5-7　三相逆变器

　　逆变器每个臂的输出仅仅与 $V_d$ 和开关状态有关,与输出负载电流无关。在三相逆变器
中,任一臂输出相电压中的谐波与单相逆变器的分析是一致的,但是在线电压中为基波频率 3
倍的谐波却被自动抑制掉了。

　　输出电压中基波分量的幅值 $\dot{V}_1$,在幅度调制比 $M_a \leqslant 1$ 的条件下,相电压为

$$\hat{V}_{d1} = M_d \frac{V_d}{2} \tag{5-9}$$

线电压为

$$V_d = \sqrt{3}\hat{V}_{dl} = \frac{\sqrt{3}}{2}M_a V_d \qquad (5-10)$$

为了防止桥式逆变电路同一桥臂的上、下开关器件出现直通故障,在驱动控制信号中必须设置封锁时间 $t_\triangle$(亦称死区时间)。封锁时间 $t_\triangle$ 大小不同,使输出波形的规律发生变化,对输出电压产生一定影响。

尽管 PWM 开关逆变器电路简单、输出波形良好,但在高频状态下运行,将会受到热学、二次击穿、电磁干扰以及缓冲电路等诸方面的限制。因为开关器件若在感性负载下关断、容性负载下开通时,将会受到很大的瞬时功耗,而且随着开关频率的提高,这种损耗成正比例地增加,使结温升高。同时,这种在感性负载下关断出现的尖峰电压和在容性负载下出现的尖峰电流都会使开关轨迹远远超出二次击穿功耗的限制范围,造成二次击穿,极大地危及器件的安全运行。此外,在高频状态下运行时,极间电容电压转换时的 $dv/dt$ 以及与杂散电感形成的振荡都会成为影响正常工作的电磁干扰。缓冲电路尽管转移了一部分开关器件上的功耗,但效率是难以提高的。

如果设法使开关器件脱离强制状态,而是在零电压、零电流条件下完成开关过程,那么将会使开关损耗减小为零。准谐振开关电路即可实现上述要求,使开关器件避开了强制条件,因此又称为软性开关。同时,根据是在零电流条件下开通或关断,还是在零电压条件下开通或关断,准谐振开关分为零电流开关和零电压开关两类,通称双零谐振开关,如图 5-8 所示。

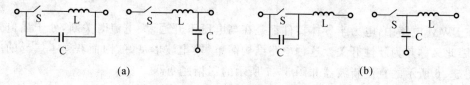

图 5-8 双零谐振开关

(a)零电流型; (b)零电压型

# 参 考 文 献

[1] 石秀华,王晓娟,等. 水中兵器概论:鱼雷分册[M]. 西安:西北工业大学出版社,2005.

[2] 刘勇,陈洪钧. 鱼雷电池进展[J]. 电源技术,2012(3):444－445.

[3] 姜忆初. 电动鱼雷用动力电源及其发展方向[J]. 船电技术,2005(5):46－48.

[4] 奚碚华,夏天. 鱼雷动力电池研究进展[J]. 鱼雷技术,2005(2):7－12.

[5] 马素卿. 新型鱼雷推进电池的发展现状与展望[J]. 船电技术,1997(3):13－21.

[6] 王树宗. 鱼雷新型动力电池与推进电机的发展[J]. 海军工程学院学报,1995(3):66－74.

[7] 李伟,孙云春,邓鹏. 鱼雷动力电池充放电自动操控技术及其应用[J]. 鱼雷技术,2013(4):282－286.

[8] 徐金. 锌银电池的应用和研究进展[J]. 电源技术,2011(12):1613－1616.

[9] 赵鉴,梁志君. 开发鱼雷用燃料电池的设想和前景[J]. 科技与企业,2011(13):187.

[10] 张祥功,崔昌盛,费新坤,等. 鱼雷用锂/氧化银碱性电池研究进展[J]. 电池工业,2008(5):349－352.

[11] 蔡年生. 铝/氧化银鱼雷动力电池的安全性分析[J]. 鱼雷技术,1998(1):5－9.

[12] 李志强. 紧凑型内注液锌/银鱼雷电池技术[J]. 舰船科学技术,1994(1):42－46.

[13] 袭祖发,赵永波. 鱼雷一次锌银电池组内注液装置的研制[J]. 舰船科学技术,1993(6):29－32.

[14] 李阳,陆文俊,范靖华,等. 燃料电池用于鱼雷动力装置的设想[J]. 四川兵工学报,2013(10):44－45.

[15] 陈军,陶占良,苟兴龙. 化学电源——原理、技术与应用[M]. 北京:化学工业出版社,2006.

[16] 朱松然. 蓄电池手册[M]. 天津:天津大学出版社,1998.

[17] 隋智通,隋升,罗冬梅. 燃料电池及其应用[M]. 北京:冶金工业出版社,2004.

[18] 衣宝廉. 燃料电池[M]. 北京:化学工业出版社,2000.

[19] 李钟明,刘卫国,等. 稀土永磁电机[M]. 北京:国防工业出版社,1999.

[20] 唐任远. 现代永磁电机理论与设计[M]. 北京:机械工业出版社,2014.

[19] 麦崇裔. 电机学与拖动基础[M]. 广州:华南理工大学出版社,1998.

[20] 程福秀,林金铭. 现代电机设计[M]. 北京:机械工业出版社,1993.